生活科技，原來如此！

拆解孩子最好奇的家電、手機、3D列印機、
太陽能、人造衛星……學習科學知識

國家圖書館出版品預行編目（CIP）資料

生活科技，原來如此！：拆解孩子最好奇的家電、手機、3D列印機、太陽能、人造衛星……學習科學知識／約翰‧方頓, 羅伯‧比提作；周怡伶翻譯. -- 二版. --
新北市：小熊出版：遠足文化發行, 2019.01
80面；22×29公分. --（閱讀與探索）
譯自：Stuff You Should Know
ISBN 978-957-8640-76-4（精裝）
1.生活科技 2.通俗作品
400　　　　　　　　　　　107023242

閱讀與探索

生活科技，原來如此！
拆解孩子最好奇的家電、手機、3D列印機、太陽能、人造衛星……學習科學知識

作者：約翰‧方頓、羅伯‧比提｜翻譯：周怡伶
插圖：彼得‧鮑爾、史帝夫‧弗里克、大衛‧伯尼、麥可‧哈恩登、約翰‧凱利、歐賓、傑瑞‧史馬特

總編輯：鄭如瑤｜文字編輯：劉子韻｜美術編輯：莊芯媚｜印務經理：黃禮賢
社長：郭重興｜發行人兼出版總監：曾大福｜出版與發行：小熊出版‧遠足文化事業股份有限公司
地址：231新北市新店區民權路108-2號9樓｜電話：02-22181417｜傳真：02-86671851
劃撥帳號：19504465｜戶名：遠足文化事業股份有限公司｜客服專線：0800-221029
E-mail：littlebear@bookrep.com.tw｜Facebook：小熊出版
讀書共和國出版集團網路書店：http://www.bookrep.com.tw
法律顧問：華洋國際專利商標事務所／蘇文生律師
印製：凱林彩印股份有限公司
初版一刷：2016年10月｜二版一刷：2019年1月
定價：550元｜ISBN：978-957-8640-76-4

小熊出版官方網頁　　小熊出版讀者回函

作者／約翰·方頓、羅伯·比提　　翻譯／周怡伶

生活科技，原來如此！

拆解孩子最好奇的家電、手機、3D列印機、太陽能、人造衛星……學習科學知識

微波爐如何加熱食物？
冰箱又如何把食物變冷？
手機如何感應手指觸碰螢幕？
3D列印機如何做出杯子？
太陽能如何將水加熱或產生電力？
火箭如何把人造衛星送上太空？

目次

* 代表有展開的摺頁

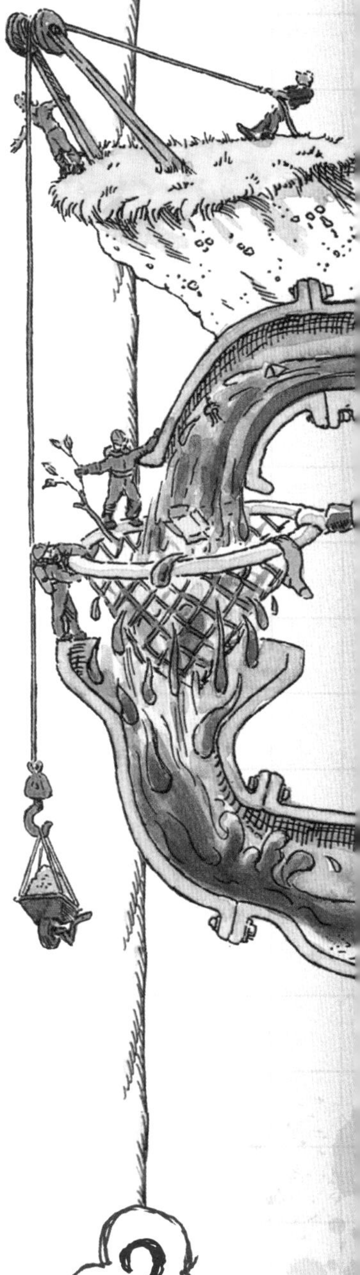

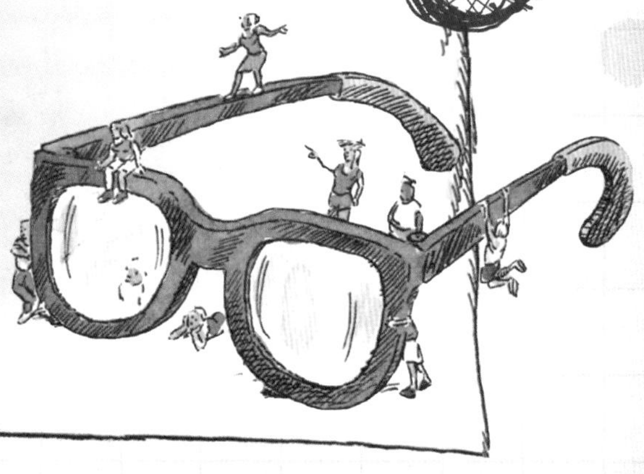

前言

兩百年前，如果你想要家裡有光線、水或食物，除非有僕人為你做這些事，否則你必須自己想辦法把它弄回家！現在，只要按下開關就有燈光，轉開水龍頭就有水，打個電話就有食物送到。一切似乎都很簡單嘛！

在這間屋子裡，你可以看見一些我們習以為常的東西。但是，它們到底是如何運作呢？就讓這本書裡的小人兒一一的告訴你吧！

需要詳細解釋的名詞，會以**粗字**呈現，翻到第78和79頁找到這些名詞，你就可以知道得更多。

開燈閱讀報紙或信件

沖掉馬桶裡的水

泡在熱水浴缸裡，或是沖個澡。

煮飯、洗衣服、洗碗盤或喝水。

把垃圾丟進垃圾桶

汙水下水道

水管

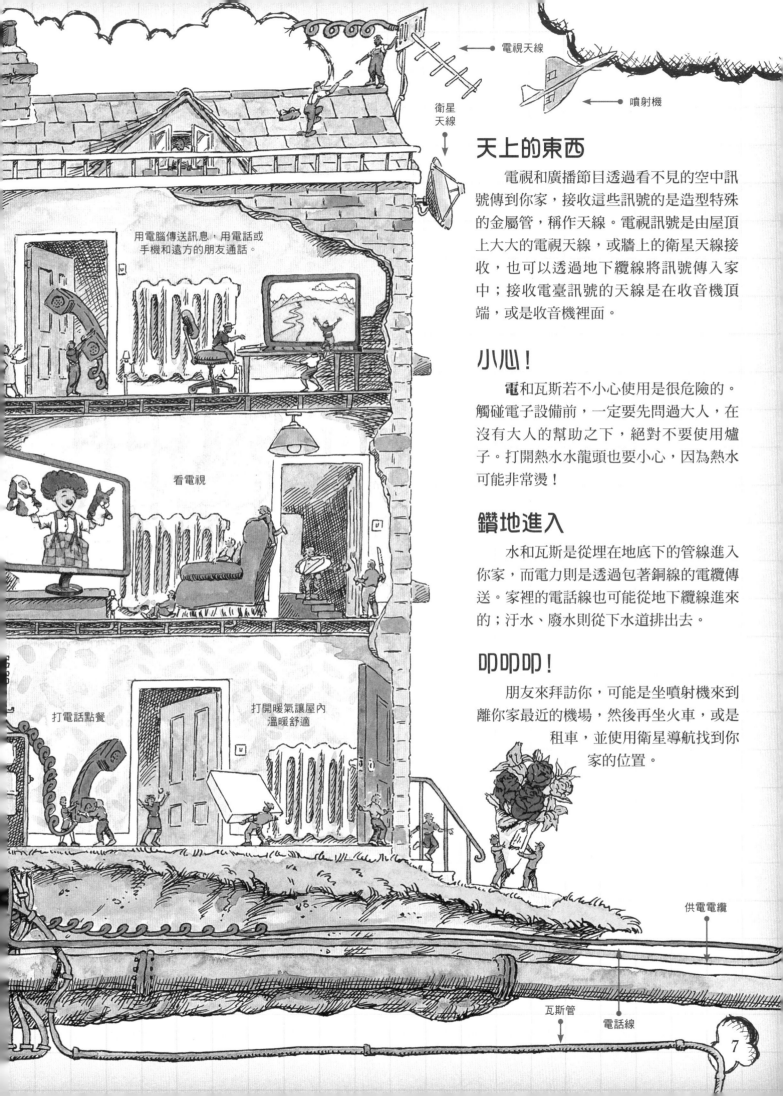

電視天線

噴射機

衛星天線

用電腦傳送訊息，用電話或
手機和遠方的朋友通話。

看電視

打電話點餐

打開暖氣讓屋內
溫暖舒適

天上的東西

電視和廣播節目透過看不見的空中訊號傳到你家，接收這些訊號的是造型特殊的金屬管，稱作天線。電視訊號是由屋頂上大大的電視天線，或牆上的衛星天線接收，也可以透過地下纜線將訊號傳入家中；接收電臺訊號的天線是在收音機頂端，或是收音機裡面。

小心！

電和瓦斯若不小心使用是很危險的。觸碰電子設備前，一定要先問過大人，在沒有大人的幫助之下，絕對不要使用爐子。打開熱水水龍頭也要小心，因為熱水可能非常燙！

鑽地進入

水和瓦斯是從埋在地底下的管線進入你家，而電力則是透過包著銅線的電纜傳送。家裡的電話線也可能從地下纜線進來的；汙水、廢水則從下水道排出去。

叮 叮 叮！

朋友來拜訪你，可能是坐噴射機來到離你家最近的機場，然後再坐火車，或是租車，並使用衛星導航找到你家的位置。

供電電纜

瓦斯管

電話線

電

當你開燈時，有一種看不見的神奇能源，叫做電，會讓電燈發光。電是由發電廠所製造產生的，但電又是如何從發電廠送到你家點亮電燈呢？

水力發電

燃煤、燃油及天然氣發電

核能發電

① 蒸氣

發電廠會燃燒煤、石油、天然氣或使用**核子燃料**，把水加熱成蒸氣，蒸氣經由管線送到汽輪機，並推動汽輪機裡的葉片使它旋轉。在**水力發電廠**裡，水從水壩經由壓力鋼管送到水輪機，推動水輪機的葉片使它旋轉。

往下沖的水   噴射蒸氣

② 旋轉嘍！

汽輪機或水輪機一旋轉，就會帶動銅線圈轉動，銅線圈在超大**磁鐵**的兩極之間旋轉，產生電力，這就是**發電機**。

磁鐵

銅線圈

高速旋轉的葉片

汽輪機或水輪機的轉軸連接發電機

③ 製造電流

磁鐵的磁力會牽引銅線裡的能量小團塊，這些小團塊叫做**電子**。電子形成一股流動的電力，稱為**電流**。

變壓器（升壓）

④ 提高電壓

從發電廠輸送出的電流還不夠高，不適合長途輸送到你家，需將電流經過一個稱作**變壓器**的鐵環來加強或升高電壓。

大纜線把銅線圈上的電力收集起來

8

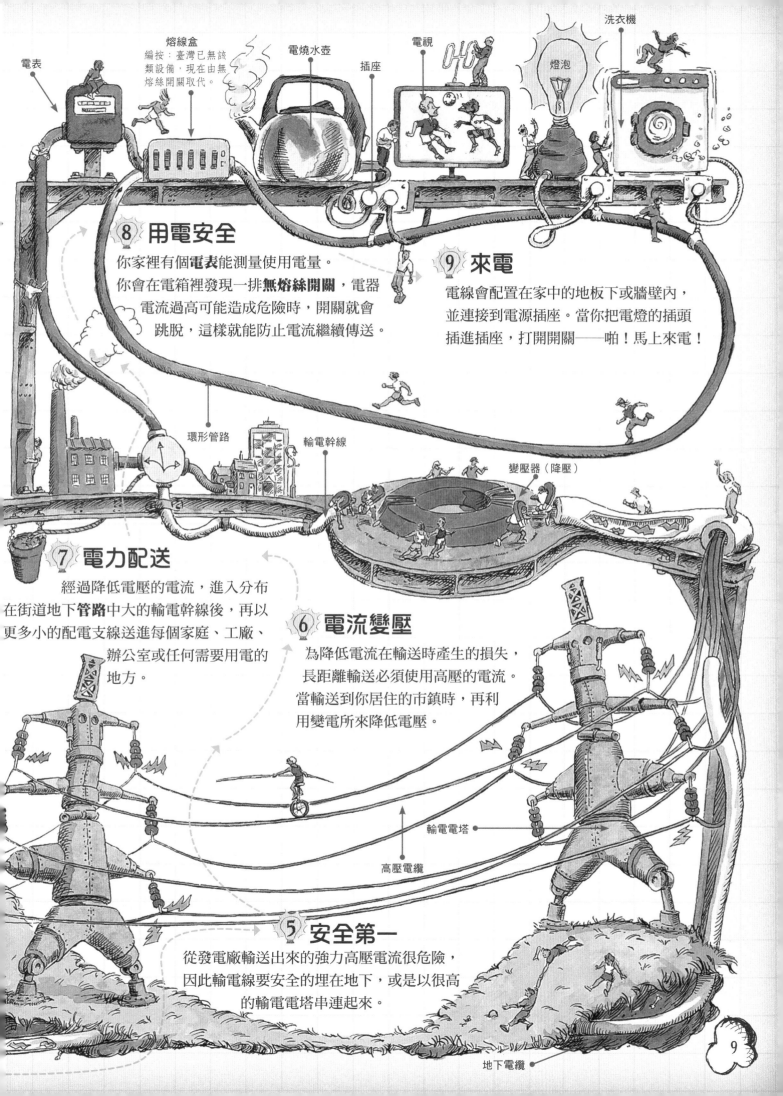

電表

熔線盒
編按：臺灣已無該
類設備，現在由無
熔絲開關取代。

電燒水壺

插座

電視

燈泡

洗衣機

⑧ 用電安全

你家裡有個**電表**能測量使用電量。
你會在電箱裡發現一排**無熔絲開關**，電器
電流過高可能造成危險時，開關就會
跳脫，這樣就能防止電流繼續傳送。

⑨ 來電

電線會配置在家中的地板下或牆壁內，
並連接到電源插座。當你把電燈的插頭
插進插座，打開開關——啪！馬上來電！

環形管路

輸電幹線

變壓器（降壓）

⑦ 電力配送

經過降低電壓的電流，進入分布
在街道地下**管路**中大的輸電幹線後，再以
更多小的配電支線送進每個家庭、工廠、
辦公室或任何需要用電的
地方。

⑥ 電流變壓

為降低電流在輸送時產生的損失，
長距離輸送必須使用高壓的電流。
當輸送到你居住的市鎮時，再利
用變電所來降低電壓。

輸電電塔

高壓電纜

⑤ 安全第一

從發電廠輸送出來的強力高壓電流很危險，
因此輸電線要安全的埋在地下，或是以很高
的輸電電塔串連起來。

地下電纜

瓦斯

瓦斯爐和暖氣系統使用的瓦斯，可不是普通氣體，它叫做天然氣，因為是天然生成於地下。天然氣非常易燃，也就是很容易著火。那麼，這種氣體如何安全來到你家呢？

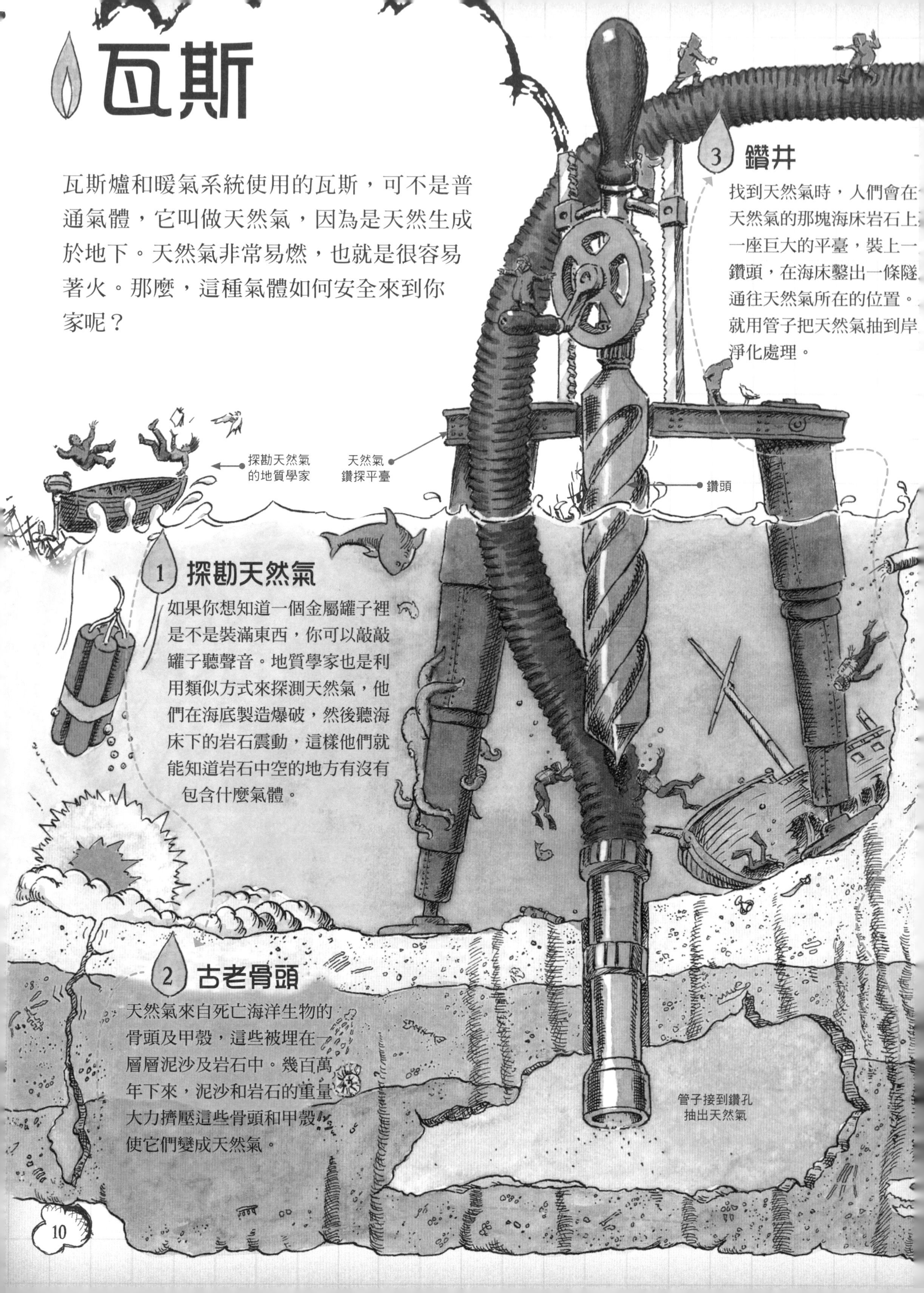

探勘天然氣的地質學家

天然氣鑽探平臺

鑽頭

3 鑽井

找到天然氣時，人們會在天然氣的那塊海床岩石上一座巨大的平臺，裝上一鑽頭，在海床鑿出一條隧通往天然氣所在的位置。就用管子把天然氣抽到岸淨化處理。

1 探勘天然氣

如果你想知道一個金屬罐子裡是不是裝滿東西，你可以敲敲罐子聽聲音。地質學家也是利用類似方式來探測天然氣，他們在海底製造爆破，然後聽海床下的岩石震動，這樣他們就能知道岩石中空的地方有沒有包含什麼氣體。

2 古老骨頭

天然氣來自死亡海洋生物的骨頭及甲殼，這些被埋在一層層泥沙及岩石中。幾百萬年下來，泥沙和岩石的重量大力擠壓這些骨頭和甲殼使它們變成天然氣。

管子接到鑽孔抽出天然氣

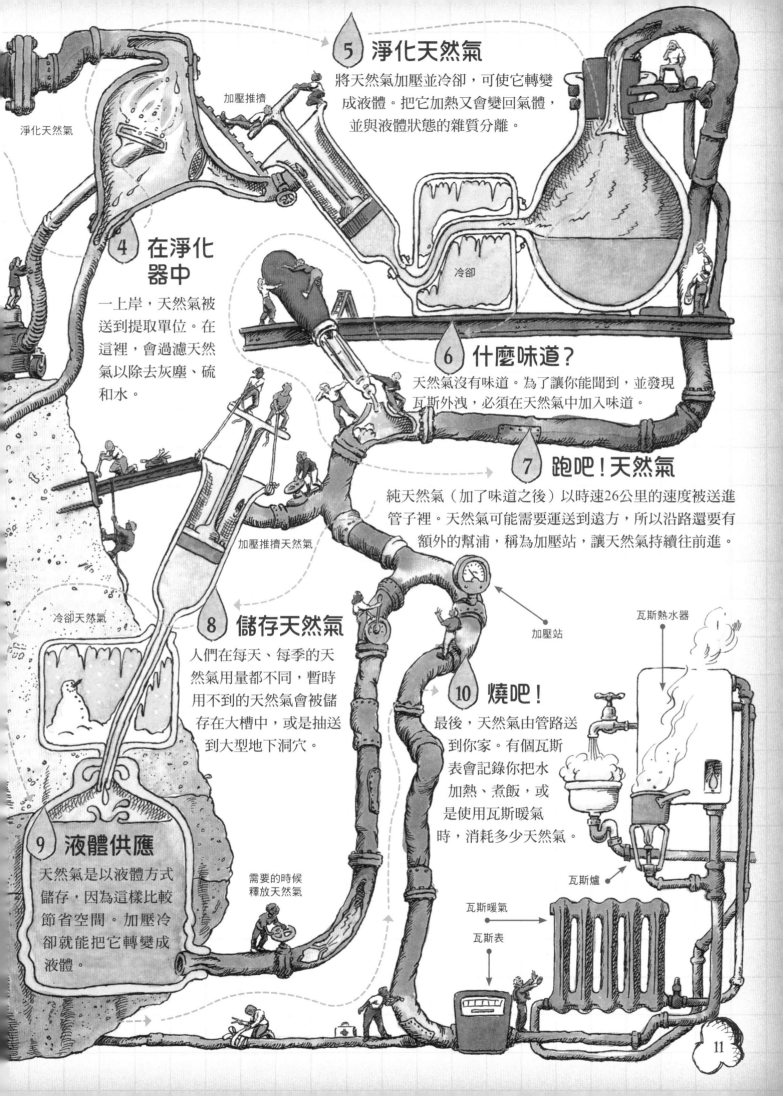

5 淨化天然氣

將天然氣加壓並冷卻,可使它轉變成液體。把它加熱又會變回氣體,並與液體狀態的雜質分離。

加壓推擠

淨化天然氣

冷卻

4 在淨化器中

一上岸,天然氣被送到提取單位。在這裡,會過濾天然氣以除去灰塵、硫和水。

6 什麼味道?

天然氣沒有味道。為了讓你能聞到,並發現瓦斯外洩,必須在天然氣中加入味道。

7 跑吧!天然氣

純天然氣(加了味道之後)以時速26公里的速度被送進管子裡。天然氣可能需要運送到遠方,所以沿路還要有額外的幫浦,稱為加壓站,讓天然氣持續往前進。

加壓推擠天然氣

冷卻天然氣

瓦斯熱水器

加壓站

8 儲存天然氣

人們在每天、每季的天然氣用量都不同,暫時用不到的天然氣會被儲存在大槽中,或是抽送到大型地下洞穴。

10 燒吧!

最後,天然氣由管路送到你家。有個瓦斯表會記錄你把水加熱、煮飯,或是使用瓦斯暖氣時,消耗多少天然氣。

9 液體供應

天然氣是以液體方式儲存,因為這樣比較節省空間。加壓冷卻就能把它轉變成液體。

需要的時候釋放天然氣

瓦斯爐

瓦斯暖氣

瓦斯表

11

水

打開水龍頭，乾淨新鮮的水流出來了，馬上就能飲用、清洗或用來泡澡。在臺灣，每個人一天大概會用掉273公升的水。這些水幾乎都是從雨水而來，但它是怎麼流到你正在使用的水龍頭裡呢？

過濾水

1 清新的雨水

雨水流到河裡，或是滲入地底下。幫浦將水抽到大水管中，水中的其他東西，像是樹枝或死魚會被濾除。

抽取雨水到水管中

8 泡澡時間

供水管連接到你家的小水管。水管通向你家的儲水槽，或是直接通到水龍頭。打開水龍頭，水就傾瀉而出！

飲用水

洗澡水

7 咻！

有些馬路的人行道上，會有一種特別的水龍頭叫做消防栓。這些水龍頭是直接連到供水管，水流的壓力很大，所以當消防員把水管連接到消防栓時，水柱很強，可以滅火。

洗碗盤的水

滅火的水

③ 揪出雜質

將化學物質澈底溶進水中。在這個階段，水裡還是有一些灰塵，加入化學物質能把這些小碎屑集合成**雜質**。這些雜質雖不會比米粒或鹽粒來得大，但具有一定的重量，會慢慢沉澱。

加入化學物質

② 髒水

雨水通常是髒的，所以在我們使用之前，必須經過淨化處理。首先，將明礬和石灰這兩種化學物質加入水中。

混合化學物質

④ 沉澱

接著，水會來到**沉澱槽**，雜質會沉積到底部形成一層厚厚的汙泥。移除汙泥後，水就會流到下一個階段。

⑥ 儲水槽

現在的水已經安全可飲用。水流至大水管中，然後連接到加蓋的**蓄水池**或水塔上方，以利使用。打開水龍頭，水就從供水管流出來送到你家。

過濾槽

⑤ 真正的過濾

這時的水還不夠乾淨，所以必須通過一層層的礫石，濾掉非常微小的灰塵，這個過程稱為過濾。在水中加入一種特別的微生物，把小生物都吃掉。最後，加入一點點漂白劑把細菌殺死。終於得到乾淨的水了！

水流到供水管

消防栓

13

汙水下水道

你把浴缸的水塞拉起，或是沖馬桶的時候，所有的水和排泄物都會進入排水管。然而，排水管通到哪裡？為什麼世界沒有變得愈來愈臭呢？

流走嘍！

6 過濾槽

汙水流到**濾床**上，這裡有一層一層黏黏的礫石。

濾床

沸水的蒸氣提供電力給汙水處理廠的幫浦。

汙泥分解出來的甲烷（沼氣）來燃燒煮水。

7 幫了大忙的微生物

礫石上的黏性物質（生物膜）裡有**微生物**。汙水一層層往下滴時，微生物會分解水中任何有害物質。

汙泥消化槽

消化槽處理過的汙泥可以作為肥料

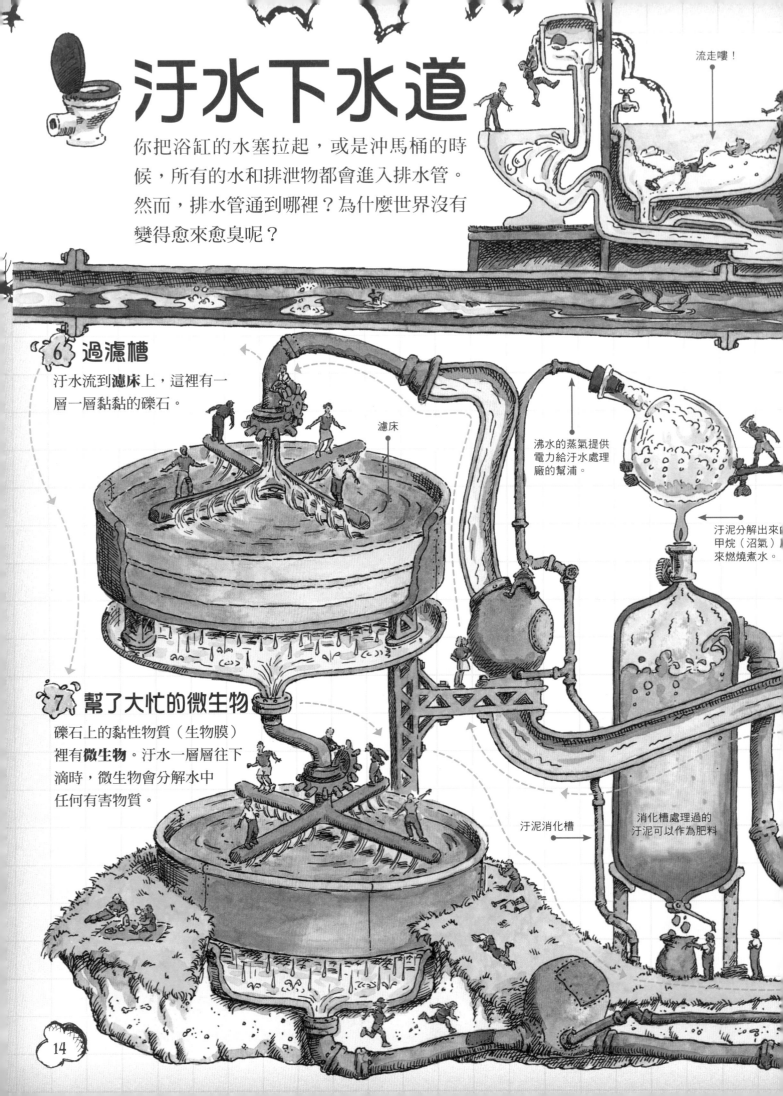

1 進入排水管

用過的水會從排水管進入一個大管子，叫做汙水下水道——所以廢水被稱作汙水。汙水下水道非常大，汙水在裡面流，就像地底下的河流。

2 經過許多地方

下水道將鄰近區域（如家庭、辦公室、餐館及工廠）所有汙水帶到汙水處理廠。

下水道的砂石經過清理並乾燥之後，用來修補馬路上的坑洞。

過濾大型的物體

4 沉澱下來

汙水在一個大儲存槽裡停留一陣子。在這裡，固體物質沉到底部，形成泥巴狀的**汙泥**，其餘液體則被抽到過濾槽處理。

3 好好過濾

在汙水處理廠，汙水經過第一道過濾，排除廢棄物、垃圾及任何大型物體。汙水裡的砂石會沉澱在砂石網並被移除。

油脂浮到表面，需仔細的將它除去。

砂石網

砂石清洗並乾燥之後用於工程

5 汙泥

于泥進入**汙泥肖化槽**，這裡有散生物可分解汙尼，並釋放甲烷（沼氣）。

汙泥沉澱在槽中

8 清潔的水

從你家排出來的汙水已經轉變成乾淨的水了。這些水從汙水處理廠排放到河川或海洋。

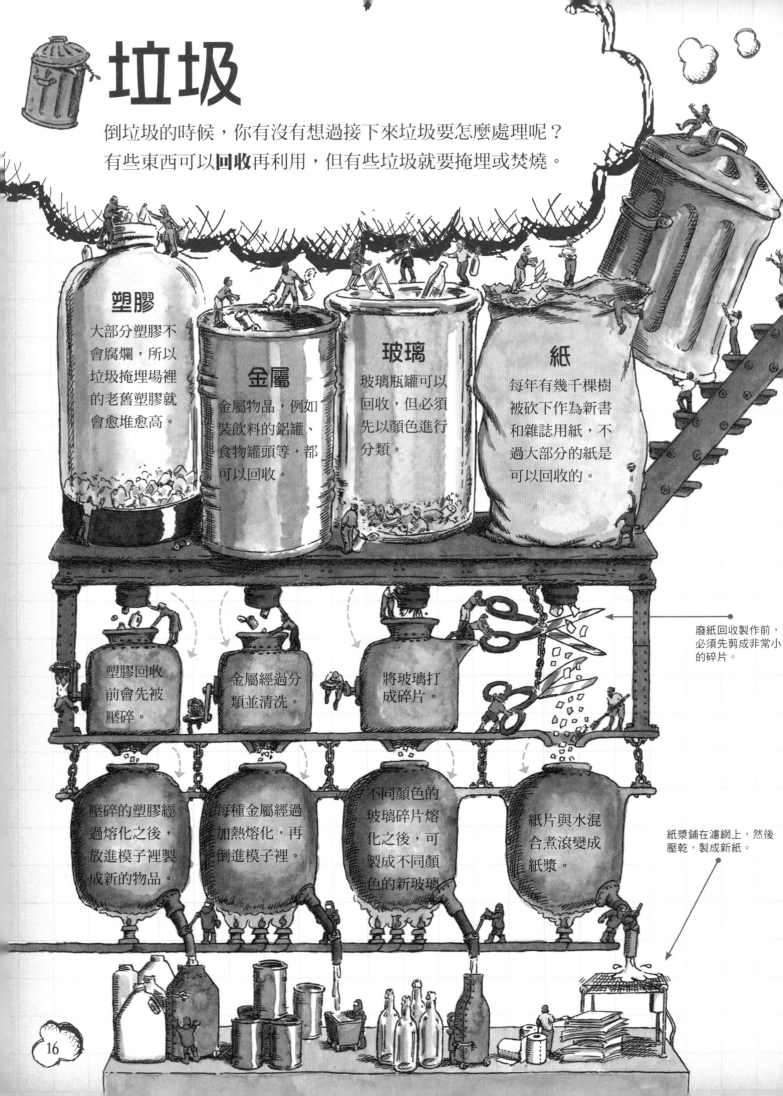

垃圾

倒垃圾的時候，你有沒有想過接下來垃圾要怎麼處理呢？
有些東西可以**回收**再利用，但有些垃圾就要掩埋或焚燒。

塑膠

大部分塑膠不會腐爛，所以垃圾掩埋場裡的老舊塑膠就會愈堆愈高。

金屬

金屬物品，例如裝飲料的鋁罐、食物罐頭等，都可以回收。

玻璃

玻璃瓶罐可以回收，但必須先以顏色進行分類。

紙

每年有幾千棵樹被砍下作為新書和雜誌用紙，不過大部分的紙是可以回收的。

塑膠回收前會先被壓碎。

金屬經過分類並清洗。

將玻璃打成碎片。

廢紙回收製作前，必須先剪成非常小的碎片。

壓碎的塑膠經過熔化之後，放進模子裡製成新的物品。

每種金屬經過加熱熔化，再倒進模子裡。

不同顏色的玻璃碎片熔化之後，可製成不同顏色的新玻璃。

紙片與水混合煮滾變成紙漿。

紙漿鋪在濾網上，然後壓乾，製成新紙。

上路嘍……

你的信件丟進郵筒之後，就交給郵政系統來處理了。一天之中會有幾個不同的收件時段，所以你的信件可能會在郵筒裡待一陣子，直到郵差打開郵筒把信件拿出來。

編按：本章節郵件寄送流程1~4的情境不適用於臺灣的郵政系統，目前我國仍以人工分類的方式分類信件。

郵筒裡的信件

收集郵件

大郵件

郵件處理中心

郵件在輸送帶上

中郵件

小郵件

測量信件大小

1 大、中、小？

郵務人員把信件集中到郵件處理中心，裡面有一條輸送帶把信件送到**信件大小分類機**，它會把所有郵件分成小、中、大三類。另一臺機器檢查郵票，還有一臺機器會蓋上郵戳，顯示這封信是什麼時間、從哪裡寄出。

讀取地址和郵遞區號

11 最後一次分類

最後，你的信件來到它要到的那個市鎮。在當地郵局，信件會再被分類一次，這次就細分到小區及街道，準備好可以遞送了。

12 進入信箱

郵包裡裝著商務信件和個人信件。每個郵差都會被分配到一個小區域的信件。有些郵差是用貨車送信，有些是騎腳踏車，有些走路送信，不過在臺灣，大部分郵差都是騎機車送信。

你的信終於送到了！

10 送達各地

如果信件要到的地方是附近的城鎮，就會被裝上貨車。如果要去的地方比較遠，那就送上火車。不過，在幅員遼闊的國家，信件可能又會被送上飛機，到這個國家另一端的市鎮去。

每個郵包裡的信件都是要去不同的特定區域。

你的信繞了地球半圈送到澳洲，可能只需要花兩天時間。

把郵件運送到各市鎮

收垃圾

垃圾車把所有不能回收的垃圾載走，運到垃圾場或焚化爐。

新的土地

垃圾坑滿了，整個掩埋場就要覆蓋起來。當所有危險氣體都去除後，這個地點就可以轉作其他用途。

垃圾場

在這裡盡可能把垃圾擠壓到最小，然後倒在挖出來的大坑裡，就成了掩埋場。

卸下垃圾

每層垃圾都要覆蓋一層土壤

好大一堆

垃圾被丟到大坑裡緊密的堆疊起來。垃圾腐敗分解的過程會釋放導致爆炸的氣體，如果氣體聚集太多會很危險，所以大洞旁邊要有管子將氣體收集起來排出去或燒掉。

寄信

你從美國紐約市寄出一封信到澳洲雪梨，這封信如何被送到正確地址呢？翻開摺頁，一起了解這中間到底發生什麼事吧！

正確地址

如果信封沒有寫上正確地址和郵遞區號，你的信無法被送到目的地。每個街區都有**郵遞區號**，就是一連串的數字（或加上字母）能幫助機器分類郵件，把郵件送到正確的地方。

如果你沒有住在國外的親戚朋友，請你的爸媽或老師幫你找一個海外筆友吧！

這封從美國寄出的信，是如何

如果你寫的是商務信件，最後可能要寫上「敬祝 商祺」，然後署名。

如果你是寫給朋友，信件結尾可能是「祝你平安愉快」，然後簽上你的名字。

如果寫給朋友，信件開頭可能是「親愛的」，再加上朋友名字。

把你的地址寫在信紙上方，這樣回信的人就知道要把信寄到哪裡。記得還要加上日期。

17 18

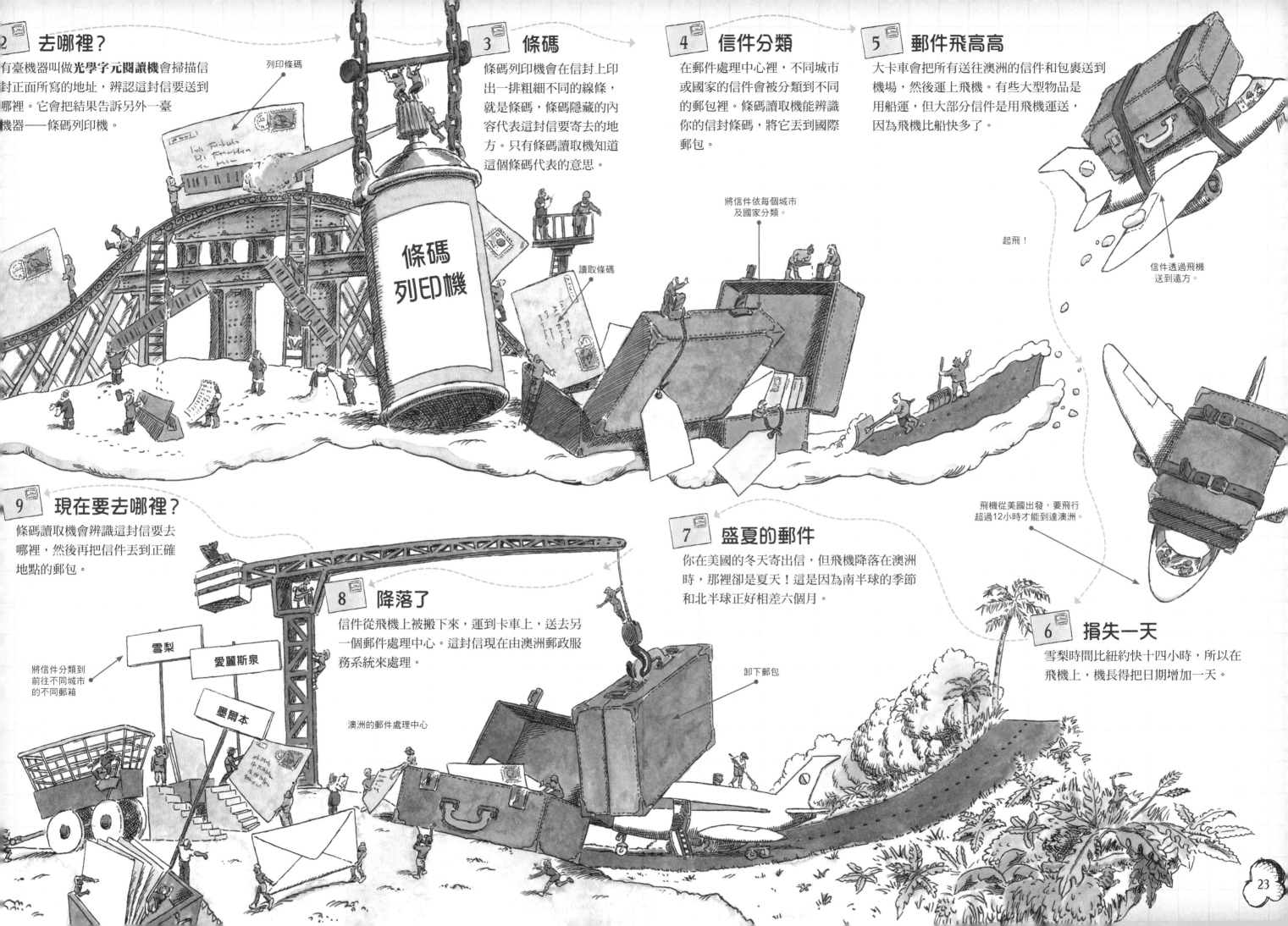

2 去哪裡？

有臺機器叫做**光學字元閱讀機**會掃描信封正面所寫的地址，辨認這封信要送到哪裡。它會把結果告訴另外一臺機器——條碼列印機。

列印條碼

3 條碼

條碼列印機會在信封上印出一排粗細不同的線條，就是條碼，條碼隱藏的內容代表這封信要寄去的地方。只有條碼讀取機知道這個條碼代表的意思。

條碼列印機

讀取條碼

4 信件分類

在郵件處理中心裡，不同城市或國家的信件會被分類到不同的郵包裡。條碼讀取機能辨識你的信封條碼，將它丟到國際郵包。

將信件依每個城市及國家分類。

5 郵件飛高高

大卡車會把所有送往澳洲的信件和包裹送到機場，然後運上飛機。有些大型物品是用船運，但大部分信件是用飛機運送，因為飛機比船快多了。

起飛！

信件透過飛機送到遠方。

9 現在要去哪裡？

條碼讀取機會辨識這封信要去哪裡，然後再把信件丟到正確地點的郵包。

7 盛夏的郵件

你在美國的冬天寄出信，但飛機降落在澳洲時，那裡卻是夏天！這是因為南半球的季節和北半球正好相差六個月。

飛機從美國出發，要飛行超過12小時才能到達澳洲。

8 降落了

信件從飛機上被搬下來，運到卡車上，送去另一個郵件處理中心。這封信現在由澳洲郵政服務系統來處理。

卸下郵包

將信件分類到前往不同城市的不同郵箱

雪梨

愛麗斯泉

墨爾本

澳洲的郵件處理中心

6 損失一天

雪梨時間比紐約快十四小時，所以在飛機上，機長得把日期增加一天。

送到門D

收到信件好高興，特別是從遠方寄來的信。你的信周遊半個地球之後，在雪梨被打開了。

人們通常會把特別信件留存好幾年。

郵票

你的信若沒有貼上正確郵資的郵票，是不會被寄送的。寄到國外的郵資通常比寄國內來得貴。

每個國家都有自己的郵票。

郵戳顯示這封信是從哪裡以及何時寄出的。

送達世界另一端的澳洲呢？

北美洲
歐洲
亞洲
紐約
大西洋
延巴克圖
非洲
南美洲
太平洋
澳洲
雪梨

你可以寄信到世界任何地方，但是寄到偏遠地區可能要花很長時間，例如非洲撒哈拉沙漠裡的延巴克圖。

19

微波爐

相較傳統烤箱，微波爐能在短時間加熱食物，而且爐子本身不會發熱。微波爐利用磁控管，來發射強力的能量形式——**微波**。

微波是什麼？

微波每秒鐘能移動三十萬公里，可以穿透空氣、食物或空間。每天都有微波不斷從外太空發射到我們身上，但因為很微弱，所以對我們沒有影響。微波爐裡使用的能量比較強。

內部鋪面

用「波」煮東西

微波能量穿透食物中的水**分子**時，水分子開始劇烈震動。這個震動力會產生熱，能把食物煮熟。

1 冷

冷食物中的水分子是隨機散布的。這些水分子會移動，只是比較緩慢。

2 溫

微波穿透物時，水分子往各方向劇烈震動。

3 熱

快速震動的水分子產生熱，散布到食物各處，將它煮熟。

4 從內到外

微波進入食物將它加熱，所以食物是從裡面熟至外面。烤箱則相反，它是加熱食物周圍的空氣。

24

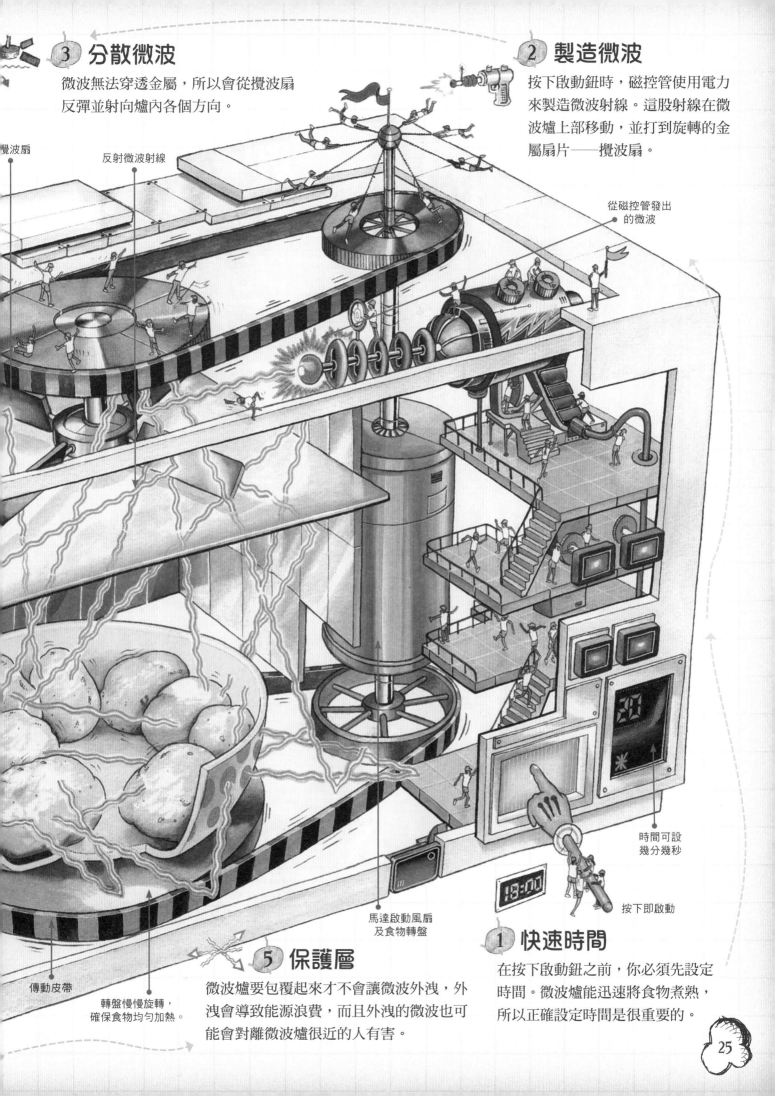

③ 分散微波

微波無法穿透金屬,所以會從攪波扇反彈並射向爐內各個方向。

攪波扇

反射微波射線

② 製造微波

按下啟動鈕時,磁控管使用電力來製造微波射線。這股射線在微波爐上部移動,並打到旋轉的金屬扇片——攪波扇。

從磁控管發出的微波

時間可設幾分幾秒

按下即啟動

傳動皮帶

轉盤慢慢旋轉,確保食物均勻加熱。

馬達啟動風扇及食物轉盤

⑤ 保護層

微波爐要包覆起來才不會讓微波外洩,外洩會導致能源浪費,而且外洩的微波也可能會對離微波爐很近的人有害。

① 快速時間

在按下啟動鈕之前,你必須先設定時間。微波爐能迅速將食物煮熟,所以正確設定時間是很重要的。

25

冰箱

冰箱是一個很重要的機器，因為它可以冷藏或冷凍食物，使食物保持新鮮而不會壞掉。通常你不會看到冰箱後面，但是這張圖將呈現冰箱後面的構造，這樣你就能看看到所有運作的零件。

冰箱運作的要點就是把內部空間的熱送到外面，這要如何辦到呢？把一種稱作冷媒的特別液體，不斷打進一條環狀的長管子裡。在這個過程中，冷媒會從液體變成蒸氣，然後再變回液體。變成蒸氣時，冰箱就會從食物裡吸收熱，變回液體時，就釋放熱到廚房裡。

細菌的壞消息

所有食物都有一些細菌。在溫暖的環境中，這些細菌會迅速成長，使食物腐敗。在冰箱中，細菌生長得比較慢，因此食物能保存久一點。

1 保持涼冷

如果游泳後沒把身體擦乾，很快就會覺得冷。這是因為皮膚上的水被體溫加熱，然後開始蒸發（變成氣體），把你身上的熱帶走。冰箱的運作也是相同概念，變冷是因為裡面的熱把液態冷媒變成蒸氣。

2 進入內部

冷媒進入冷凍庫，從狹窄管的噴嘴移動到一連串管子裡。在這些管子中，液態冷媒會吸收冷凍庫裡所有的熱，然後蒸發變成蒸氣。當冷凍庫降溫變冷後，裡面的東西也變得冰涼。

3 回到壓縮機

冷媒流出冷凍庫，帶著從食物吸收而來的熱。接著，冷媒會在下移動到壓縮機（一個小型幫浦），在氣態之下冷媒變回液態，開始釋放熱。

液態冷媒進入管子裡蒸發變成蒸氣

狹管的噴嘴，噴嘴，或稱噴，大閥

冷凍庫

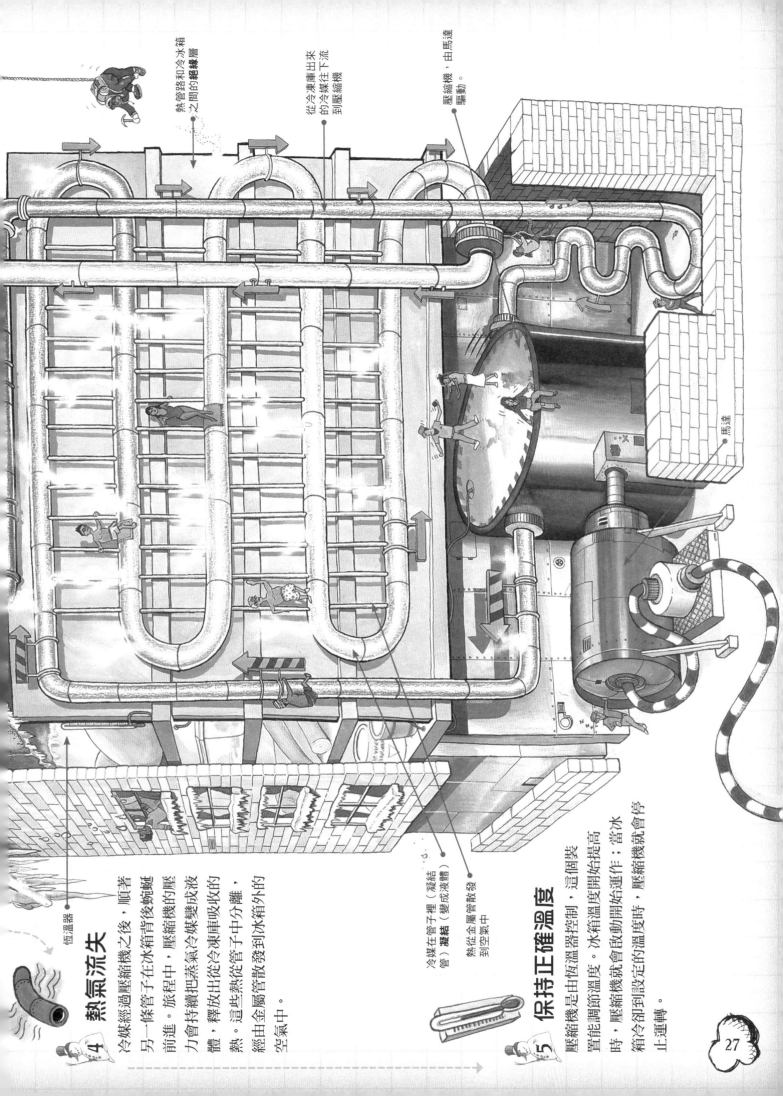

熱管路和冷水箱之間的絕緣層

從冷凍庫出來的冷媒往下流到壓縮機

壓縮機，由馬達驅動。

馬達

恆溫器

4 熱氣流失

冷媒經過壓縮機之後，順著另一條管子在冰箱背後蜿蜒前進。旅程中，壓縮機的壓力會持續把冷凍氣冷媒變成液體，釋放出從冷凍庫吸收的熱。這些熱從管子中分離，經由金屬管發散到水箱外的空氣中。

冷媒在管子裡（凝結管）凝結（變成液體）

熱從金屬管發散到空氣中

5 保持正確溫度

壓縮機是由恆溫器控制，這個裝置能調節溫度。冰箱溫度開始提高時，壓縮機就啟動開始運作；當冰箱冷卻到設定的溫度時，壓縮機就會停止運轉。

27

洗衣機

以前的人用手洗衣服，利用河邊的石頭刷掉衣服上的髒汙。科技讓這件勞務變得輕鬆一些，不過清洗衣服的原理幾乎是一樣的。現代洗衣機利用滾筒、彈簧、皮帶、**軸承**，當然還要有洗衣劑，把衣服的汙垢去除之後，急速旋轉衣服到脫水狀態。洗衣機依照設定的行程運作，衣服經過浸泡、清洗、沖淨，洗完之後可以放到烘衣機烘乾，或掛起來晾乾。

止水
橡皮墊圈

洗衣劑
放置槽

1 選擇洗衣行程

控制面板讓你能依照衣物來選擇適合的清洗行程。有些衣服的纖維比較細緻，需要和緩清洗。每個行程都有不同的清洗時間、不同的滾筒旋轉速度，以及不同的水溫。

門開關（安全鎖），以免門在洗衣機啟動時被打開。

2 化學清潔劑

啟動洗衣機之前要先倒入洗衣劑。洗衣劑所含的成分超過十種，有些成分能幫助水浸入衣服，有些能去除汙漬和塵土。許多洗衣劑還含有**酵素**，這是一種化合物，有助於分解物質，像是衣服上沾到的脂肪或血液。

3 驅動力

洗衣機是由馬達所驅動（詳細了解馬達，請見p.47）。

4 滾筒組合

馬達是以傳動皮帶連接到滾筒。啟動洗衣機時，傳動皮帶轉動滾筒，滾筒就在滾珠軸承上旋轉。滾筒上有很多洞，可以讓水流進出洗衣服。滾筒旋轉時，衣服會互相摩擦，也會摩擦滾筒四周，這樣劇烈震動再加上洗衣劑的幫助，就能洗掉衣服上的汙垢。滾筒外部的防水外筒是不會動的，門關上之後，這個防水外筒就形成一個防水隔間。

盒裝洗衣劑

5 排掉髒水

水流進洗衣機，但是不需要水的時候就得把水排出去。幫浦把洗槽內的汙水抽出，經過過濾網，最後流進排水管。

6 裝設彈簧

水被抽出之後，洗衣機開始旋轉讓衣服脫水。滾筒的轉速每分鐘可達一千轉以上，如果衣服沒有分散平均，會造成劇烈的震動。避震彈簧會吸收大部分震動，但還需要內建重物在機器中，以免洗衣機把自己震得七零八落。

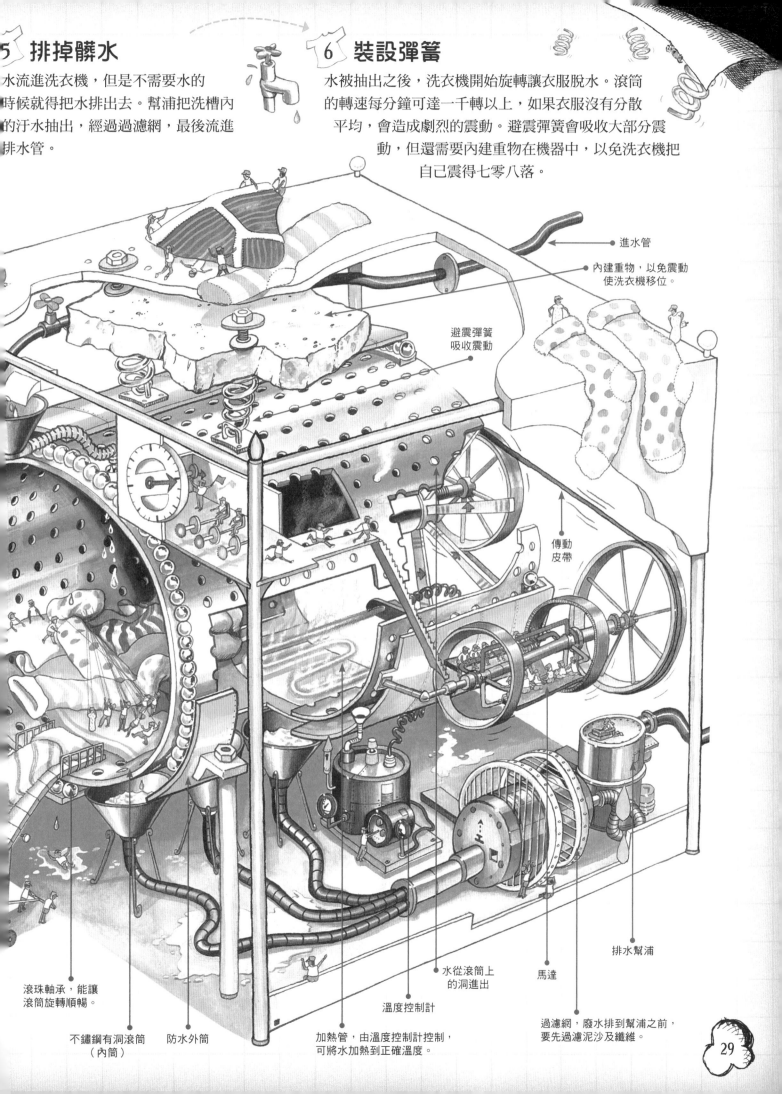

進水管

內建重物，以免震動使洗衣機移位。

避震彈簧吸收震動

傳動皮帶

滾珠軸承，能讓滾筒旋轉順暢。

不鏽鋼有洞滾筒（內筒）

防水外筒

加熱管，由溫度控制計控制，可將水加熱到正確溫度。

溫度控制計

水從滾筒上的洞進出

馬達

排水幫浦

過濾網，廢水排到幫浦之前，要先過濾泥沙及纖維。

29

烤麵包機

對於喜歡吃早餐的人來說，烤麵包機可能是所有發明中最重要的機器了。它可以把麵包烤得恰到好處，烤好之後還會自動斷電。下面這臺烤麵包機的剖面，可以解答吐司怎麼變好者最想問的問題：烤麵包機是怎麼知道吐司烤好了呢？答案就是一片小小的雙金屬片，它會隨著溫度而改變形狀。時間一到，這個金屬片會把溫度接點放開，讓吐司跳起來才不會烤焦。

1 熱度升高

吐司在電子元件中烘烤，外圍包覆一層耐熱的罩子。這層罩子會把熱反射到吐司上，讓機器外殼的溫度不會過熱。

4 碰到卡榫

電流通過烤麵包機的電線圈時，會產生強力磁場。磁場吸引一個金屬卡榫，這個卡榫一移動，就會鬆開承接吐司往下的樣子。

5 完美的時間控制

有些烤麵包機是由計時器控制，而不是由雙金屬片控制。當計時器計數到零時，就會啟動開關打開電磁鐵（詳細了解電磁鐵，請見 p.58）。

6 可以拿起來了

你把吐司放進烤麵包機，然後壓下把手，這個動作拉開了一對金屬彈簧，導致把手附近的卡榫與轉動的金屬片相接，彈簧把手放到正確位置上。吐司烤好時，金屬桿被放開，彈簧收縮，吐司就往上彈出。

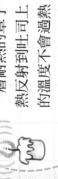

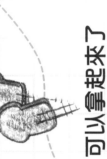

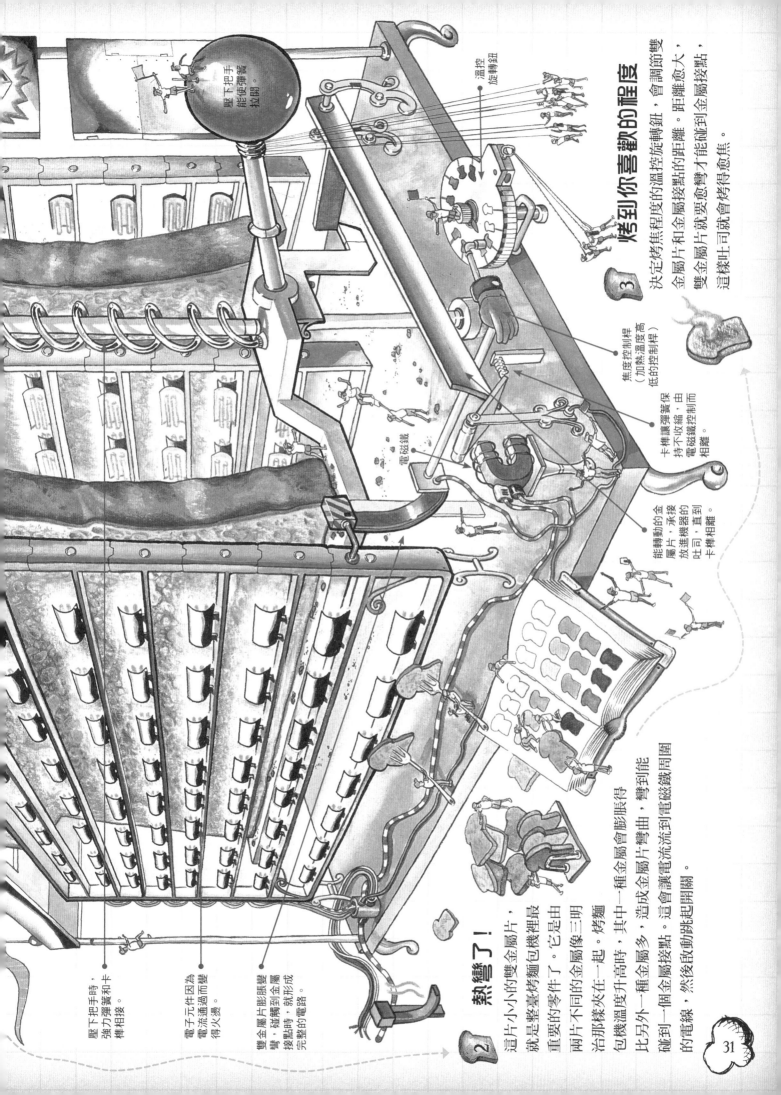

3 烤到你喜歡的程度

決定烤焦程度的溫控旋轉鈕,會調節雙金屬接點和金屬片的距離。距離愈大,雙金屬片就要愈彎才能碰到金屬接點,這樣吐司就會烤得愈焦。

溫控旋轉鈕

焦度控制桿(加熱溫度高低的控制桿)

電磁鐵

卡榫讓彈簧保持不收縮,由電磁鐵控制而相離。

能轉動的金屬片,承接放進機器的吐司,直到卡榫相離。

壓下把手時,強力彈簧和卡榫相接。

電子元件因為電流通過而變得火燙。

雙金屬片膨脹變彎,碰觸到金屬接點時,就形成完整的電路。

壓下把手把時能使彈簧拉開。

2 熱彎了!

這片小小的雙金屬片,就是整臺烤麵包機裡最重要的零件了。它是由兩片不同的金屬像三明治那樣夾在一起。烤麵包機溫度升高時,其中一種金屬會膨脹得比另一種金屬多,造成金屬片彎曲,彎到能碰到一個接點。這會讓電流流到電磁鐵周圍的電線,然後啟動彈起把開關。

食物處理機

有些食物的準備工作很花時間，例如刨起司絲、攪拌麵糊，或是切蘿蔔絲等。利用食物處理機取代手工操作，速度較快且有效率，不管是切削、打汁、揉捏、攪拌，幾秒鐘之內就可以搞定！

食物處理機的蓋子有個簡單裝置，可防止意外發生。蓋子上有個卡榫，連接到安全開關。如果蓋子有蓋上而且牢牢固定，開關就允許電流從馬達輸送過來。但如果蓋子被挪開或沒有蓋好，馬達就不會轉動。

馬達

安全開關

速度控制鈕

電源線

啟動電源

食物處理機是用馬達來啟動。馬達製造的動力只有汽車引擎的百分之一，但這就足以切斷大多數的食物。

控制速度

馬達的速度是由電流通過的強度來控制。若控制鈕設定在最低速，那麼只有微弱的電流會通過馬達；設定在最高速時，電流變強，馬達會旋轉得比較快。

傳動皮帶

披薩麵皮的材料

小麥

小麥是從種子長出來的，成熟時收割。

打穀

篩選分離
把麥粒的外殼去掉。

麥粒經過碾磨之後變成細粉，過去是用沉重的石磨來碾磨。磨好的細粉就是麵粉，可以用來做披薩的麵皮。

鹽

地底下有鹽。在鹽場把大塊鹽礦切割下來。

大塊鹽礦磨細之後，細小的鹽結晶要乾燥並包裝。

在披薩店裡，鹽放在罐子中方便使用。

酵母

酵母是一種菌類，生長在溫暖的盆子或桶子裡。

發酵一完成，就會移出桶子，乾燥後切割成一大塊，稱作酵母塊。

乾燥的酵母塊包裝後就能販售。

橄欖油

橄欖生長在某些溫暖的國家。

從樹上摘下，然後使用螺旋壓榨機榨汁。

榨出的汁液裝進罐子裡，這些汁液稱作橄欖油。

一罐罐橄欖油被送到披薩店。

糖

製糖的原料是甘蔗。砍下成熟的甘蔗。

將甘蔗壓榨出汁，煮沸甘蔗汁直到水分完全蒸發，剩下糖結晶。

糖結晶被切成小塊狀。

做披薩嘍！

你可能覺得等一個小時才能拿到披薩，令人感到不耐煩。但是，這些材料的生長和收集，大概需要一年時間。

1 訂了才做
你一打電話訂披薩，師傅就開始動手做。首先混合酵母、糖、水及一些麵粉，接著靜置這團混合物一會兒。

從商店裡買來材料

酵母　　麵粉　　水

3 泡泡的力量
接下來，將混合物倒進裝有橄欖油、鹽和更多麵粉的大碗裡，開始製作麵團。泡泡就像好幾百萬個小氣球那樣，讓麵團變得輕盈鬆軟。要是沒有這些泡泡，披薩麵皮就會又厚又硬。

2 起泡泡
酵母會讓糖**發酵**。這表示糖轉變成酒精，並釋放出很多二氧化碳，會使這團混合物起泡。

糖

酵母混合物開始發酵

酵母混合物

橄欖油

麵粉

鹽

4 揉捏時間
把麵團放在板子上，師傅開始揉捏麵團，直到麵團變得光滑。

麵團

把材料攪拌成麵團

揉麵團

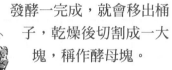

蓋子上的煙囪，可投放食物。

不同任務
使用特殊工具

食物處理機有不同配件來處理不同食物的切、削及混合。

旋轉配件

這個配件包含一系列**齒輪**，可以讓兩個攪拌桿快速轉動，旋轉時會把空氣帶入食物中。這種攪拌桿通常用來打發鮮奶油或是蛋白。

齒輪

攪拌桿

揉捏配件

這個配件會慢慢轉動，把麵粉和液體混合，揉捏變成麵團。揉捏配件也可以用在將兩種食物混合。

容器

全部混合！

如果你想同時混合、切削或是打發多種材料，那麼你可以把食物直接放進容器中，蓋上蓋子，打開電源。馬達轉動時，可以從蓋子上的煙囪一點一點加入食材。這樣你就不必重覆開關馬達，而且還能保護手指以免受傷。

轉軸

連接在轉軸上的輪盤

連接在轉軸上的旋轉刀片

飢餓的世界

過去，大多數人所吃的食物都是當地種植和生產的。現今世界上許多地方仍是如此，特別是遠離大都市的鄉村地區。不過，像北美洲、歐洲、日本、澳洲等地，人們能夠取得世界各地的食物。在你的早餐桌上，柳橙汁可能來自美國佛羅里達州，麵包裡的小麥可能來自印度，奶油可能來自紐西蘭，果醬裡的杏桃可能來自西班牙！

做披薩

世界上有很多地方，只要打通電話，外賣食物就能送到家門口嚕！當你叫了披薩外送，披薩店會在一小時內把世界各國食材放在一起做好、烤好，熱呼呼的送到你手上。看看這篇，你就能知道這是如何辦到的！

披薩店為什麼那麼快就能把披薩送到呢？

要吃什麼呢？

外送到府的食物選擇實在太多了，真是傷腦筋！除了披薩，還有印度咖哩、中式熱炒、美式漢堡、義大利麵等等。我們已經決定好，今天吃鰻魚加量的起司番茄披薩。如果你不喜歡我們點的，沒關係，菜單上還有很多選擇！

起司番茄
豪華蔬菜
鮮活海鮮
火腿蘑菇
豪邁雞肉
辣味香料
肉類總匯
什錦起司

光是看菜單就流口水了，對吧？那麼現在就拿起電話，點菜嚕！

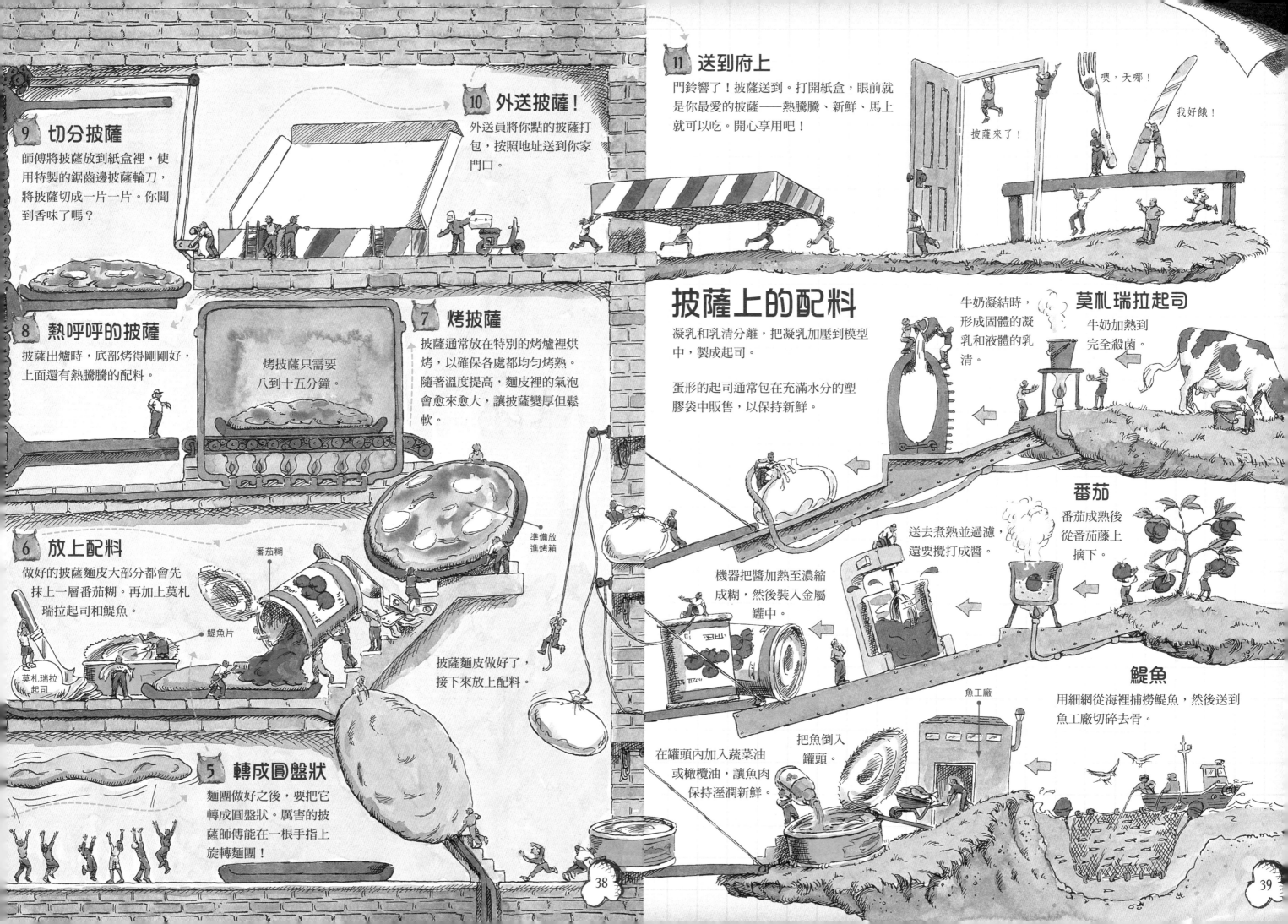

9 切分披薩

師傅將披薩放到紙盒裡，使用特製的鋸齒邊披薩輪刀，將披薩切成一片一片。你聞到香味了嗎？

10 外送披薩！

外送員將你點的披薩打包，按照地址送到你家門口。

11 送到府上

門鈴響了！披薩送到。打開紙盒，眼前就是你最愛的披薩——熱騰騰、新鮮、馬上就可以吃。開心享用吧！

噢，天哪！

披薩來了！

我好餓！

8 熱呼呼的披薩

披薩出爐時，底部烤得剛剛好，上面還有熱騰騰的配料。

7 烤披薩

披薩通常放在特別的烤爐裡烘烤，以確保各處都均勻烤熟。隨著溫度提高，麵皮裡的氣泡會愈來愈大，讓披薩變厚但鬆軟。

烤披薩只需要八到十五分鐘。

準備放進烤箱

披薩上的配料

凝乳和乳清分離，把凝乳加壓到模型中，製成起司。

蛋形的起司通常包在充滿水分的塑膠袋中販售，以保持新鮮。

牛奶凝結時，形成固體的凝乳和液體的乳清。

莫札瑞拉起司

牛奶加熱到完全殺菌。

番茄

番茄成熟後從番茄藤上摘下。

送去煮熟並過濾，還要攪打成醬。

機器把醬加熱至濃縮成糊，然後裝入金屬罐中。

6 放上配料

做好的披薩麵皮大部分都會先抹上一層番茄糊。再加上莫札瑞拉起司和鯷魚。

番茄糊

鯷魚片

莫札瑞拉起司

披薩麵皮做好了，接下來放上配料。

鯷魚

用細網從海裡捕撈鯷魚，然後送到魚工廠切碎去骨。

魚工廠

在罐頭內加入蔬菜油或橄欖油，讓魚肉保持溼潤新鮮。

把魚倒入罐頭。

5 轉成圓盤狀

麵團做好之後，要把它轉成圓盤狀。厲害的披薩師傅能在一根手指上旋轉麵團！

披薩不僅好吃，裡頭還有很多好東西。番茄、起司、酵母、小麥、鯷魚，這些都含有我們身體所需的維生素，讓身體能運作順暢，保持健康。

披薩麵皮裡的小麥含有碳水化合物，讓身體有能量可以持續活動。

鯷魚和起司含有蛋白質，是身體生長及修復所需要的。

額外添加的蘑菇，含有維生素，使我們充滿活力並幫助身體抵抗過敏。

起司和橄欖油含有脂肪，讓我們的身體用來儲存能量。

它們到底來自世界何處呢？

這個披薩的材料是：小麥、酵母、糖、番茄、鹽、橄欖油、莫札瑞拉起司、鯷魚（還有額外添加的蘑菇）。這張地圖告訴你這些材料的主產地在哪裡，不過，酵母在世界各地都有生產。

圖例
小麥
糖
番茄
鹽
橄欖油
莫札瑞拉起司
鯷魚

北美洲　歐洲　亞洲　非洲　南美洲　澳洲　大西洋　太平洋

35

吸塵器

眼睛看不見的塵埃，無時無刻都在我家裡堆積。有些灰塵在我們開窗的時候吹進來，但更多灰塵是來自我們衣服纖維或身體脫落的表皮。如果沒有清除灰塵，屋內各處很快就會蒙上一層灰。幸運的是，有臺機器能輕鬆的除掉灰塵，就是吸塵器。吸塵器製造出真空吸力收集這些灰塵，並裝在袋子裡方便我們清理。

⑥ 一整袋灰塵
集塵袋是用特殊材料製成，能讓空氣流通，但又把灰塵留在裡面。集塵袋裝滿灰塵時，空氣較難流入，吸力變小，所以吸塵器就比較難吸乾淨。

⑤ 裝滿灰塵？
每次吸塵器啟動時，集塵袋就會像氣球一樣鼓脹。這是因為袋子裡面的氣壓變得比四周的氣壓還大。

④ 吸了就乾淨
集塵袋位在吸塵器上方的一個附有濾網隔間裡。這是個密閉的隔間，不過集塵袋本身有很多微孔，能讓空氣從下面的風扇流入。啟動吸塵器時，風扇把隔間裡的空氣吸走，製造部分真空，把外部空氣通過管子從袋子裡吸到集塵袋。

③ 邊走邊吸
一旦灰塵從地毯上揚起，就會被吸入管子中，順著吸管子通過機器進入集塵袋。

集塵室
開關

可丟棄的集塵袋，能收集灰塵的同時又讓空氣流入。

第二個濾網，確保空氣裡的灰塵都被清走，大部分乾淨地離開……

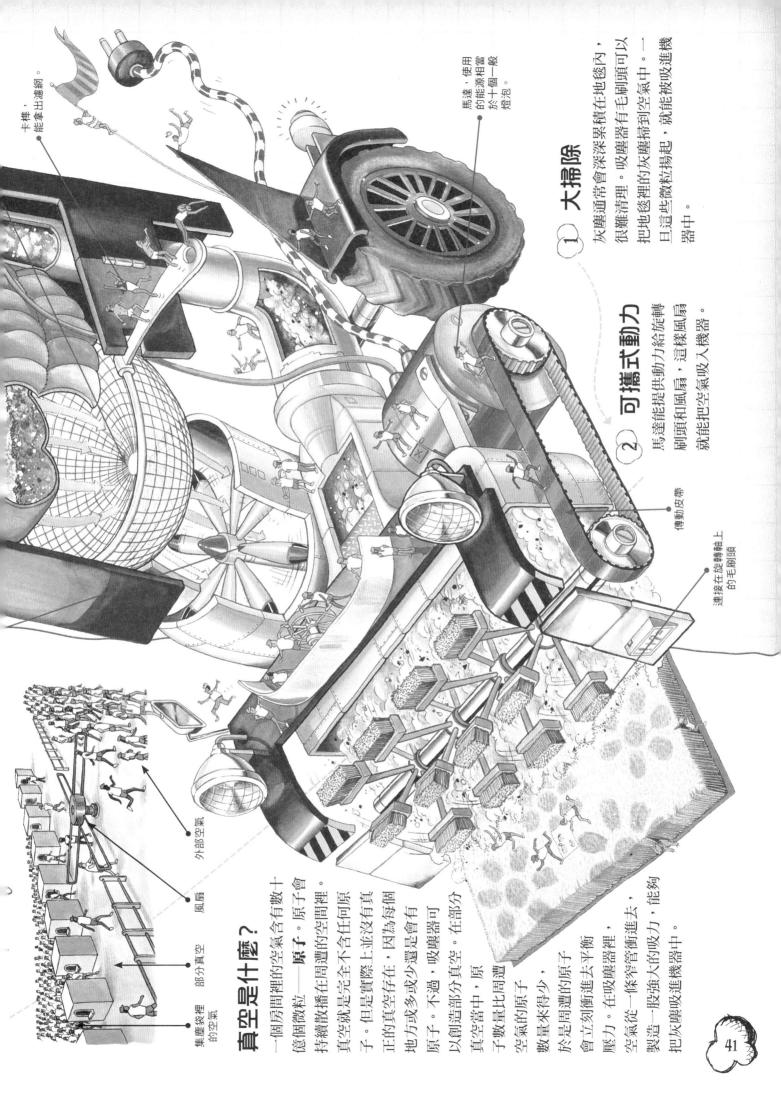

① 大掃除

灰塵通常會深深累積在地毯內，很難清理。吸塵器有毛刷頭可以把地毯裡的灰塵掃到空氣中。一旦這些微粒揚起，就能被吸進機器中。

② 可攜式動力

馬達能提供動力給旋轉刷頭和風扇，這樣風扇就能把空氣吸入機器。

卡榫，能拿出濾網。

馬達，使用的能源相當於十個一般燈泡。

傳動皮帶

連接在旋轉軸上的毛刷頭

外部空氣

風扇

部分真空

集塵袋裡的空氣

真空是什麼？

一個房間裡的空氣含有數十億個微粒——原子。原子會持續散播在周遭的空間裡。真空就是完全不含任何原子。但是實際上並沒有真正的真空存在，因為每個地方或多或少還是會有原子。不過，吸塵器可以創造部分真空。在部分真空當中，原子數量比周遭空氣的原子數量來得少。於是周遭的原子會立刻衝進去平衡壓力。在吸塵器裡，空氣從一條管衝進去，製造一股強大的吸力，能夠把灰塵吸進機器中。

縫紉機

縫紉機內部就像忙個不停的工廠，好多東西同時一起運轉。輪軸旋轉、皮帶嗡嗡傳動、金屬棒鏗鏘作響、車針飛快的上上下下。看起來好像一團混亂，其實是經過精密設計的動作，全部只用一個馬達來驅動。一眨眼的工夫，縫紉機就能車出縫線，打好結，並把布料往前挪到接下來要縫製的位置。

動起來

現代的縫紉機是以小型馬達驅動（詳細了解馬達運作，請見 p.47）。馬達轉動輪軸，輪軸連接到縫紉機內其他會動的零件。曲軸和**凸輪**，這兩種裝置會把輪軸的旋轉動作，轉換成車針的上下動作。

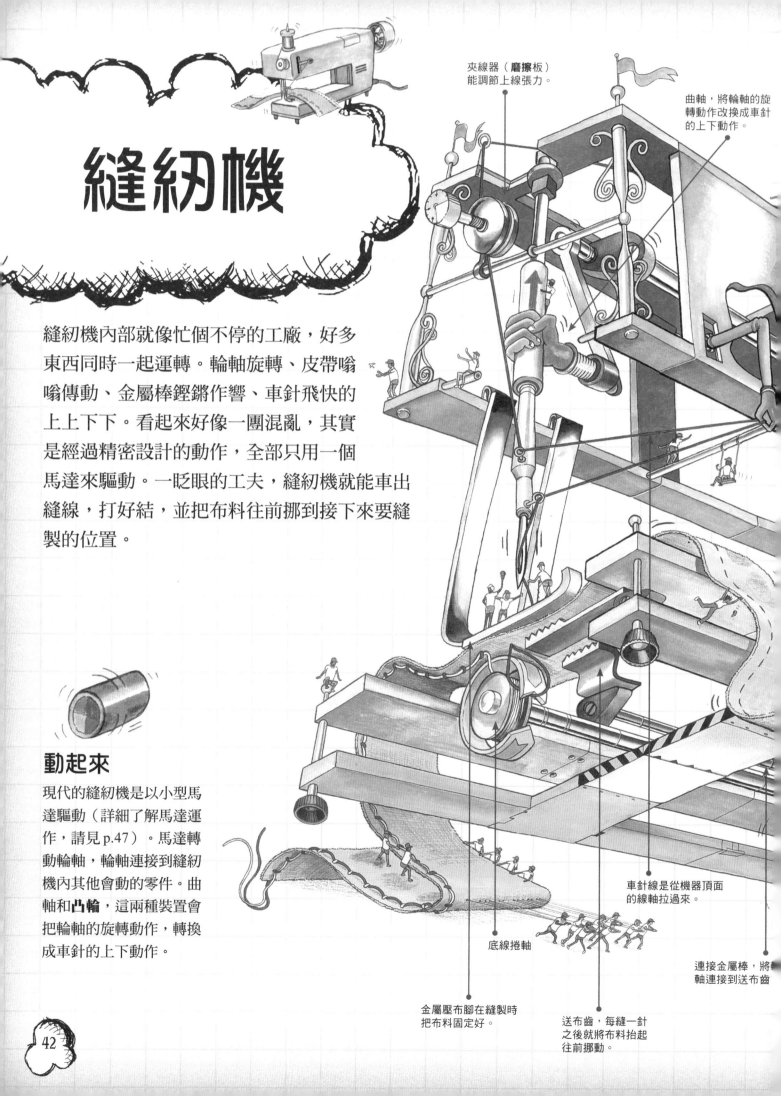

夾線器（**磨擦**板）能調節上線張力。

曲軸，將輪軸的旋轉動作改換成車針的上下動作。

車針線是從機器頂面的線軸拉過來。

連接金屬棒，將輪軸連接到送布齒

底線捲軸

金屬壓布腳在縫製時把布料固定好。

送布齒，每縫一針之後就將布料抬起往前挪動。

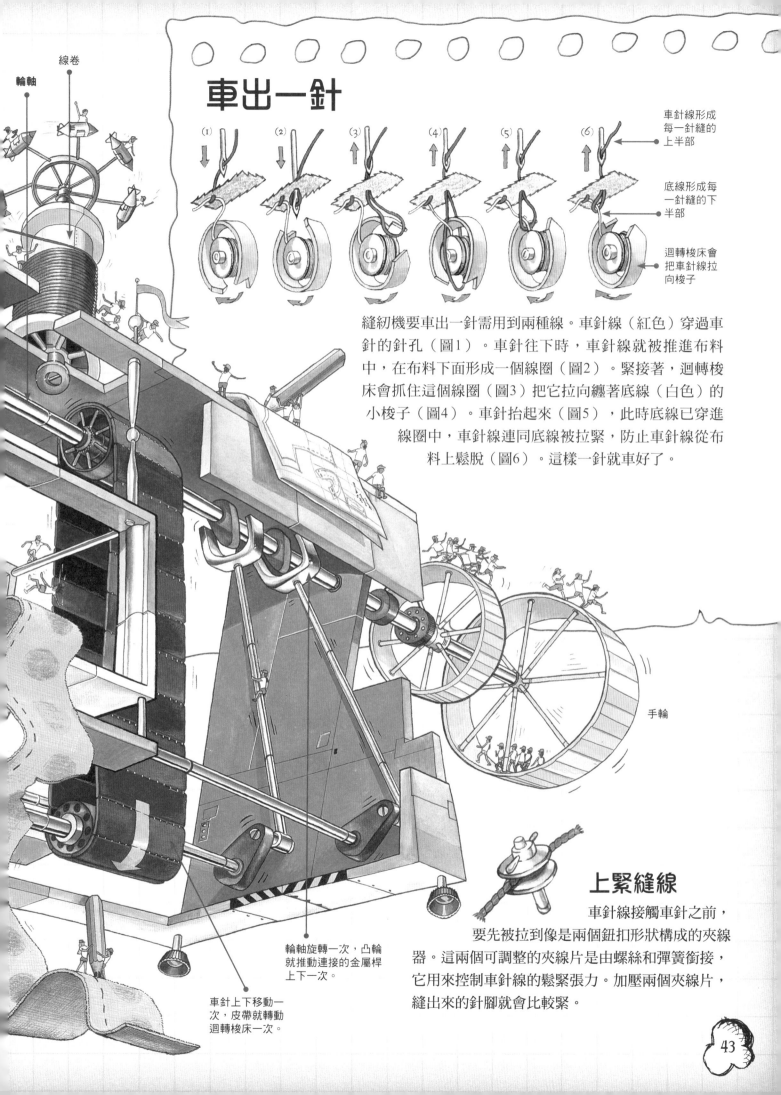

車出一針

(1) (2) (3) (4) (5) (6)

車針線形成
每一針縫的
上半部

底線形成每
一針縫的下
半部

迴轉梭床會
把車針線拉
向梭子

縫紉機要車出一針需用到兩種線。車針線（紅色）穿過車針的針孔（圖1）。車針往下時，車針線就被推進布料中，在布料下面形成一個線圈（圖2）。緊接著，迴轉梭床會抓住這個線圈（圖3）把它拉向纏著底線（白色）的小梭子（圖4）。車針抬起來（圖5），此時底線已穿進線圈中，車針線連同底線被拉緊，防止車針線從布料上鬆脫（圖6）。這樣一針就車好了。

線卷

輪軸

手輪

輪軸旋轉一次，凸輪
就推動連接的金屬桿
上下一次。

車針上下移動一
次，皮帶就轉動
迴轉梭床一次。

上緊縫線

車針線接觸車針之前，要先被拉到像是兩個鈕扣形狀構成的夾線器。這兩個可調整的夾線片是由螺絲和彈簧銜接，它用來控制車針線的鬆緊張力。加壓兩個夾線片，縫出來的針腳就會比較緊。

43

馬桶水箱

我們每天都會看到馬桶水箱，卻很少往裡面瞧。水箱裡有兩種簡單卻有效的裝置能使馬桶運作：浮球和虹吸管。浮球在水箱左邊，它的功能是確保水加滿到適當高度，而且不會高到滿出來。虹吸管在水箱中間，它負責把水持續抽送到馬桶。現在，順著水流來發現馬桶沖水的過程，你準備好了嗎？

虹吸管如何運作

虹吸管是一條管子，水在裡面被稍微抽高，然後再降至較低的地方。水箱裡的水就是由虹吸管帶到下面的馬桶。虹吸管的運作是靠吸力——管子中的空氣被帶走，水進來占據空氣的位置。只要虹吸管裡一直有水，水就會持續從高處往低處流動。一旦空氣進入虹吸管，吸力被破壞，水流就會停止。

① 讓水動起來

虹吸管的罩子裡有個活塞瓣（可滑動的兩個薄片）和馬桶的沖水把手相連。你一壓下把手，有根槓桿會把活塞瓣提起來，讓水流到虹吸管中。這提供了吸力，把水箱裡剩下的水吸到虹吸管裡，然後迅速往馬桶流下。水箱空了，浮球就掉到水箱底部。

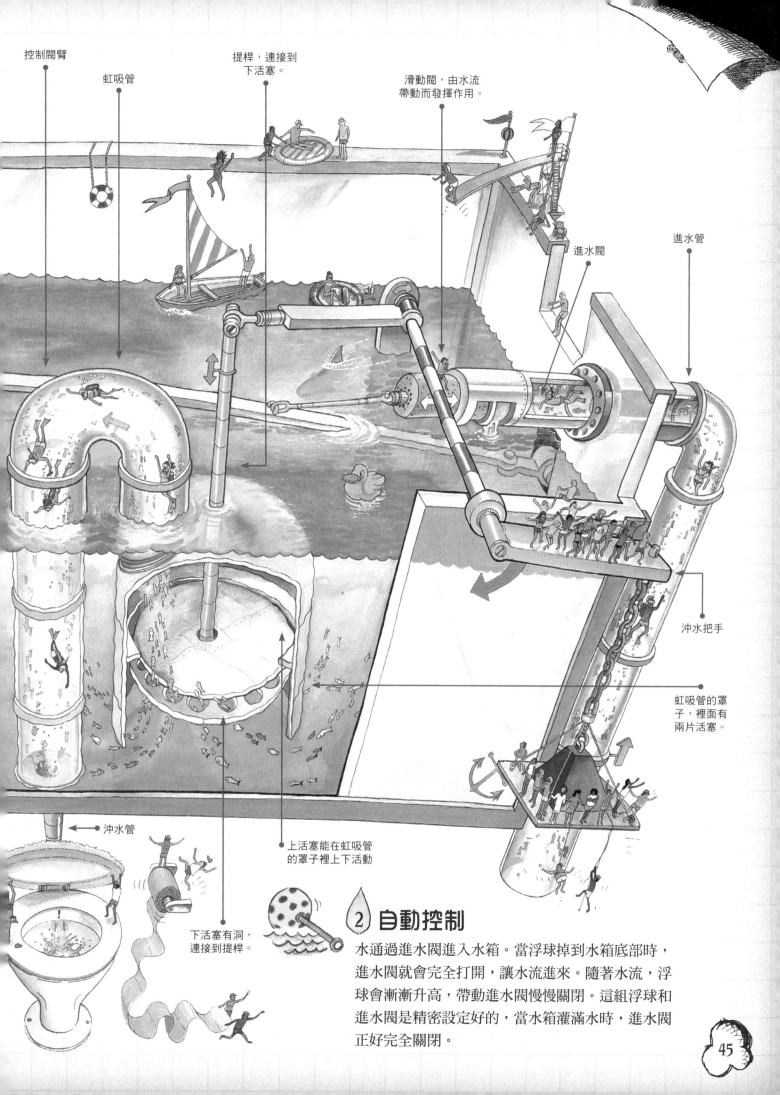

控制閥臂

虹吸管

提桿,連接到
下活塞。

滑動閥,由水流
帶動而發揮作用。

進水閥

進水管

沖水把手

虹吸管的罩
子,裡面有
兩片活塞。

沖水管

上活塞能在虹吸管
的罩子裡上下活動

下活塞有洞,
連接到提桿。

② 自動控制

水通過進水閥進入水箱。當浮球掉到水箱底部時,
進水閥就會完全打開,讓水流進來。隨著水流,浮
球會漸漸升高,帶動進水閥慢慢關閉。這組浮球和
進水閥是精密設定好的,當水箱灌滿水時,進水閥
正好完全關閉。

45

吹風機

很多人使用吹風機來吹乾或整理頭髮，它是個很簡單的裝置。吹風機後半部有個快速旋轉的風扇，能把空氣帶進機器中，進去的空氣流經發熱的電子元件，快速被加熱，然後從前面吹出，使你的頭髮變乾，就是這樣而已！但繼續讀下去，你將會發現讓整個程序動起來的細節。

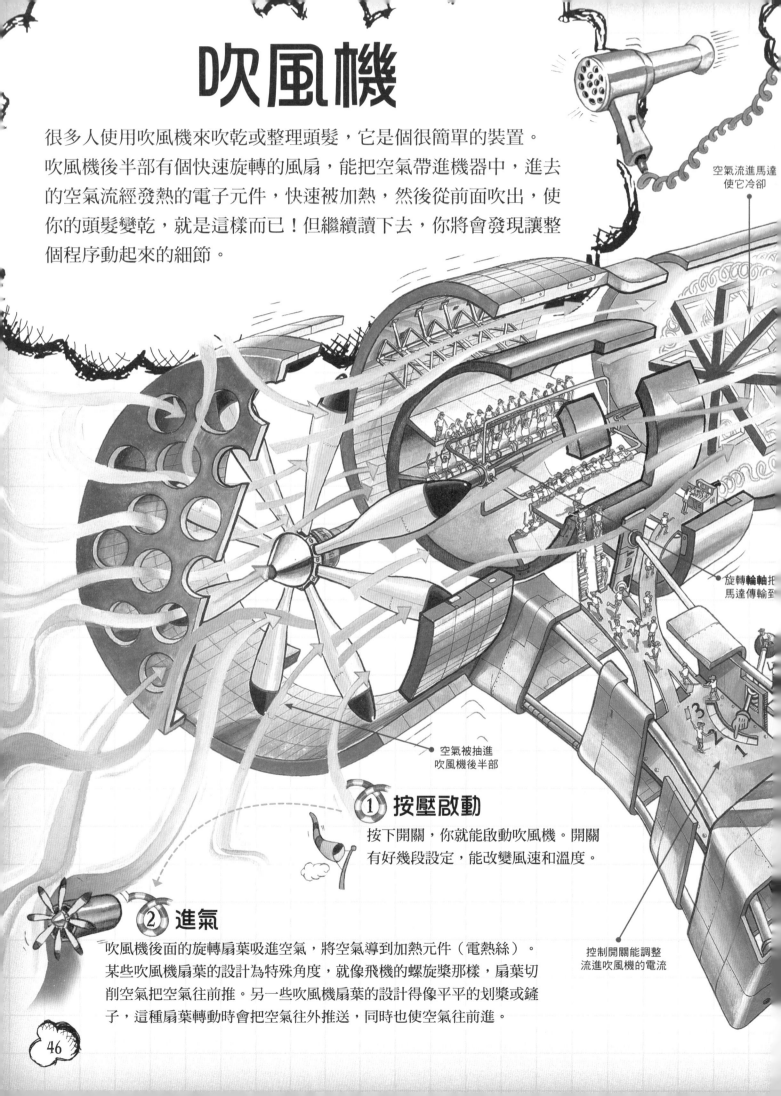

空氣流進馬達使它冷卻

旋轉輪軸把馬達傳輸至

空氣被抽進吹風機後半部

控制開關能調整流進吹風機的電流

① 按壓啟動

按下開關，你就能啟動吹風機。開關有好幾段設定，能改變風速和溫度。

② 進氣

吹風機後面的旋轉扇葉吸進空氣，將空氣導到加熱元件（電熱絲）。某些吹風機扇葉的設計為特殊角度，就像飛機的螺旋槳那樣，扇葉切削空氣把空氣往前推。另一些吹風機扇葉的設計得像平平的划槳或鏟子，這種扇葉轉動時會把空氣往外推送，同時也使空氣往前進。

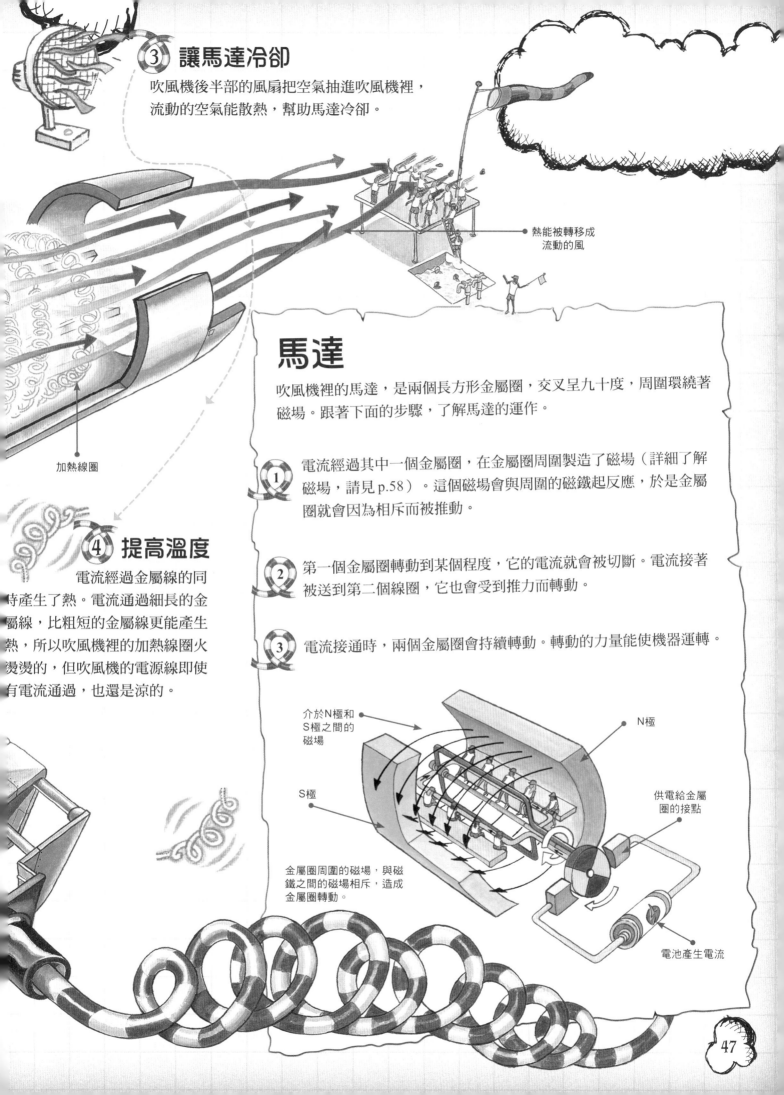

③ 讓馬達冷卻

吹風機後半部的風扇把空氣抽進吹風機裡，流動的空氣能散熱，幫助馬達冷卻。

熱能被轉移成
流動的風

加熱線圈

④ 提高溫度

電流經過金屬線的同時產生了熱。電流通過細長的金屬線，比粗短的金屬線更能產生熱，所以吹風機裡的加熱線圈火燙燙的，但吹風機的電源線即使有電流通過，也還是涼的。

馬達

吹風機裡的馬達，是兩個長方形金屬圈，交叉呈九十度，周圍環繞著磁場。跟著下面的步驟，了解馬達的運作。

① 電流經過其中一個金屬圈，在金屬圈周圍製造了磁場（詳細了解磁場，請見 p.58）。這個磁場會與周圍的磁鐵起反應，於是金屬圈就會因為相斥而被推動。

② 第一個金屬圈轉動到某個程度，它的電流就會被切斷。電流接著被送到第二個線圈，它也會受到推力而轉動。

③ 電流接通時，兩個金屬圈會持續轉動。轉動的力量能使機器運轉。

介於N極和
S極之間的
磁場

N極

S極

供電給金屬
圈的接點

金屬圈周圍的磁場，與磁鐵之間的磁場相斥，造成金屬圈轉動。

電池產生電流

煙霧偵測器

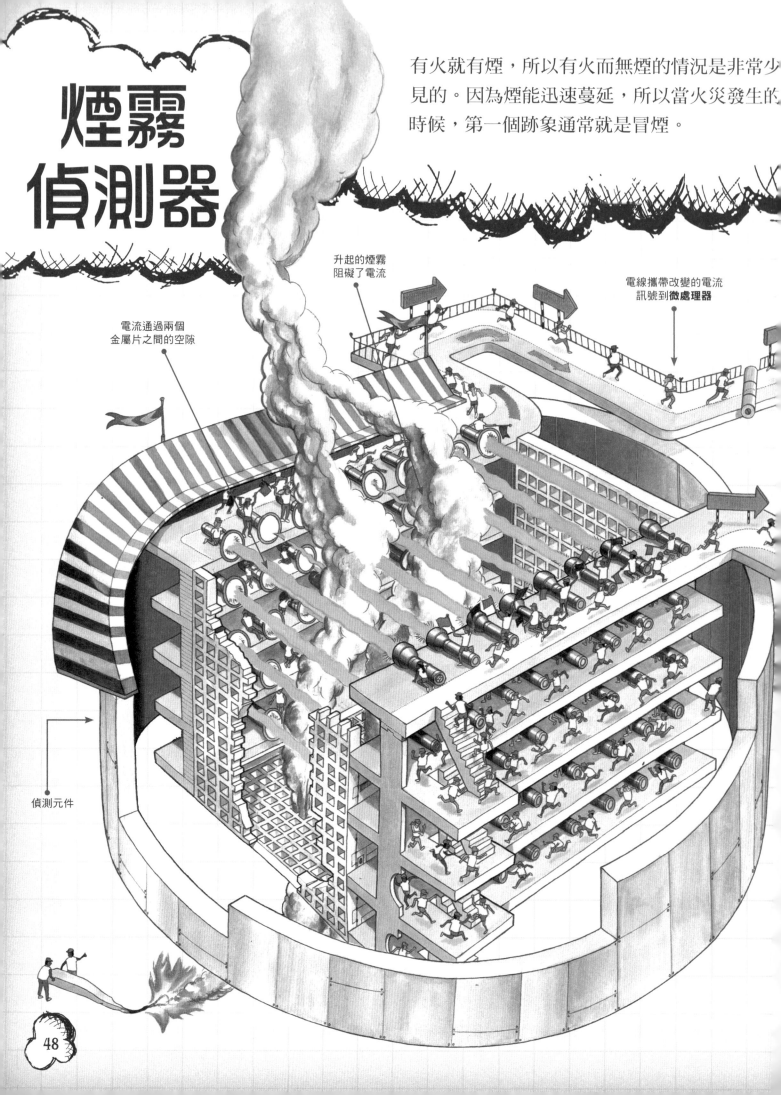

有火就有煙，所以有火而無煙的情況是非常少見的。因為煙能迅速蔓延，所以當火災發生的時候，第一個跡象通常就是冒煙。

升起的煙霧阻礙了電流

電流通過兩個金屬片之間的空隙

電線攜帶改變的電流訊號到微處理器

偵測元件

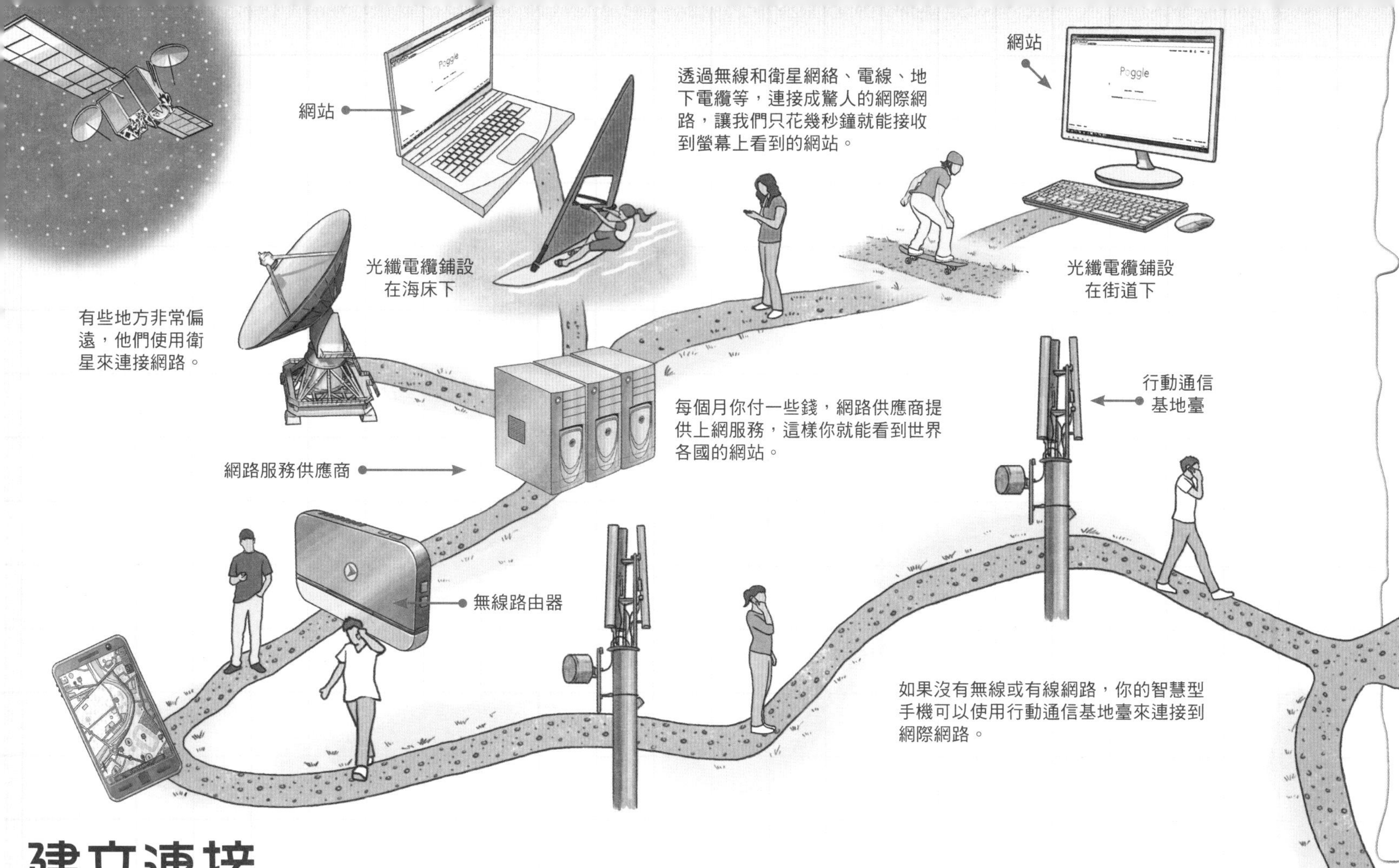
網站
透過無線和衛星網絡、電線、地下電纜等，連接成驚人的網際網路，讓我們只花幾秒鐘就能接收到螢幕上看到的網站。
網站
光纖電纜鋪設在海床下
光纖電纜鋪設在街道下
有些地方非常偏遠，他們使用衛星來連接網路。
每個月你付一些錢，網路供應商提供上網服務，這樣你就能看到世界各國的網站。
行動通信基地臺
網路服務供應商
無線路由器
如果沒有無線或有線網路，你的智慧型手機可以使用行動通信基地臺來連接到網際網路。

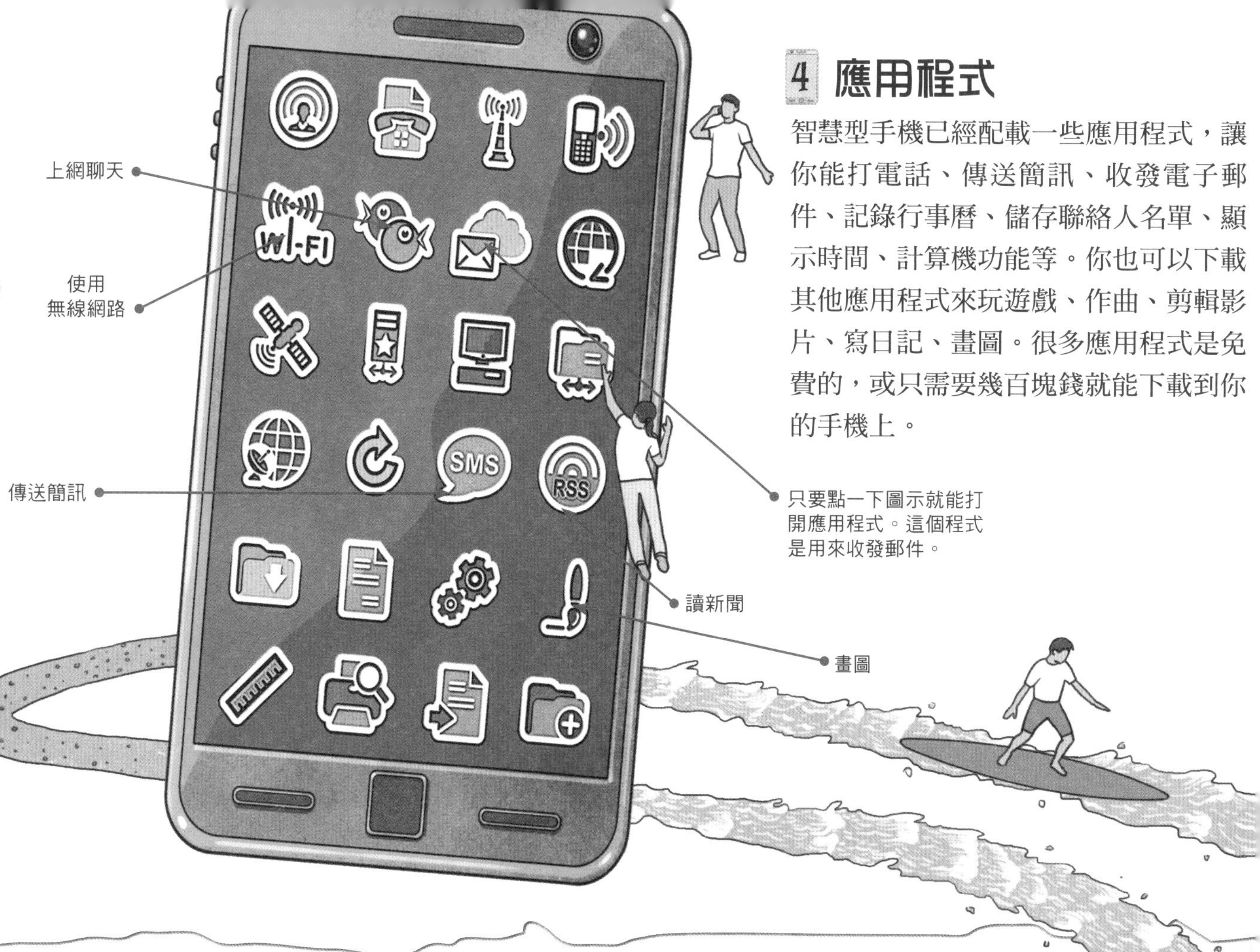
上網聊天
使用無線網路
傳送簡訊
WI-FI
SMS
RSS
只要點一下圖示就能打開應用程式。這個程式是用來收發郵件。
讀新聞
畫圖

4 應用程式

智慧型手機已經配載一些應用程式，讓你能打電話、傳送簡訊、收發電子郵件、記錄行事曆、儲存聯絡人名單、顯示時間、計算機功能等。你也可以下載其他應用程式來玩遊戲、作曲、剪輯影片、寫日記、畫圖。很多應用程式是免費的，或只需要幾百塊錢就能下載到你的手機上。

建立連接

1 連接網路

你在家時，你的手機和平板電腦通常會連上網，電腦、遊戲主機或電視也是使用同樣的無線網路。如果沒辦法連上無線網路，可以使用**行動網路**撥打電話及傳送簡訊。雖然不像無線網路那麼快，但如果夠靠近行動通信基地臺，效果也不錯。

2 傳送簡訊與撥打電話

撥打電話或傳送簡訊時，你的訊息會變成電子訊號，發射到附近的行動通信基地臺。行動通信基地臺會把訊號發射到離對方最近的基地臺，再從那裡發射到對方的手機，對方手機接收到訊號後，訊號會轉為你的聲音或你打的簡訊。

5 照片與影片

智慧型手機至少有一個攝影鏡頭，拍攝的照片畫質足夠作為電腦桌布。智慧型手機也可以拍攝影片，比較貴的手機能拍攝高解析度的影片，品質也和電視上看到的影片一樣好。有些手機在主螢幕同側有第二個攝影鏡頭，這表示你可以撥打視訊電話，講電話的同時對方也能看到你。

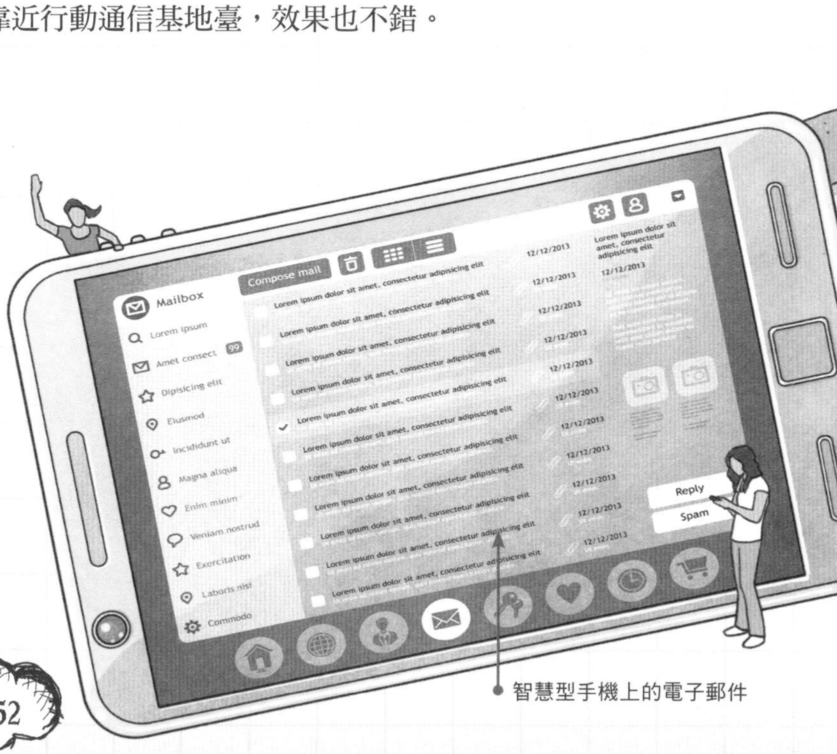
Mailbox
Compose mail
Reply
Spam

智慧型手機上的電子郵件

3 電子郵件

你的手機和電腦一樣都能收發郵件。你可以設定有新郵件送達時，播放音效或震動。手機也會在首頁某處顯示一個小小的數字，讓你知道有多少封郵件待你閱讀。

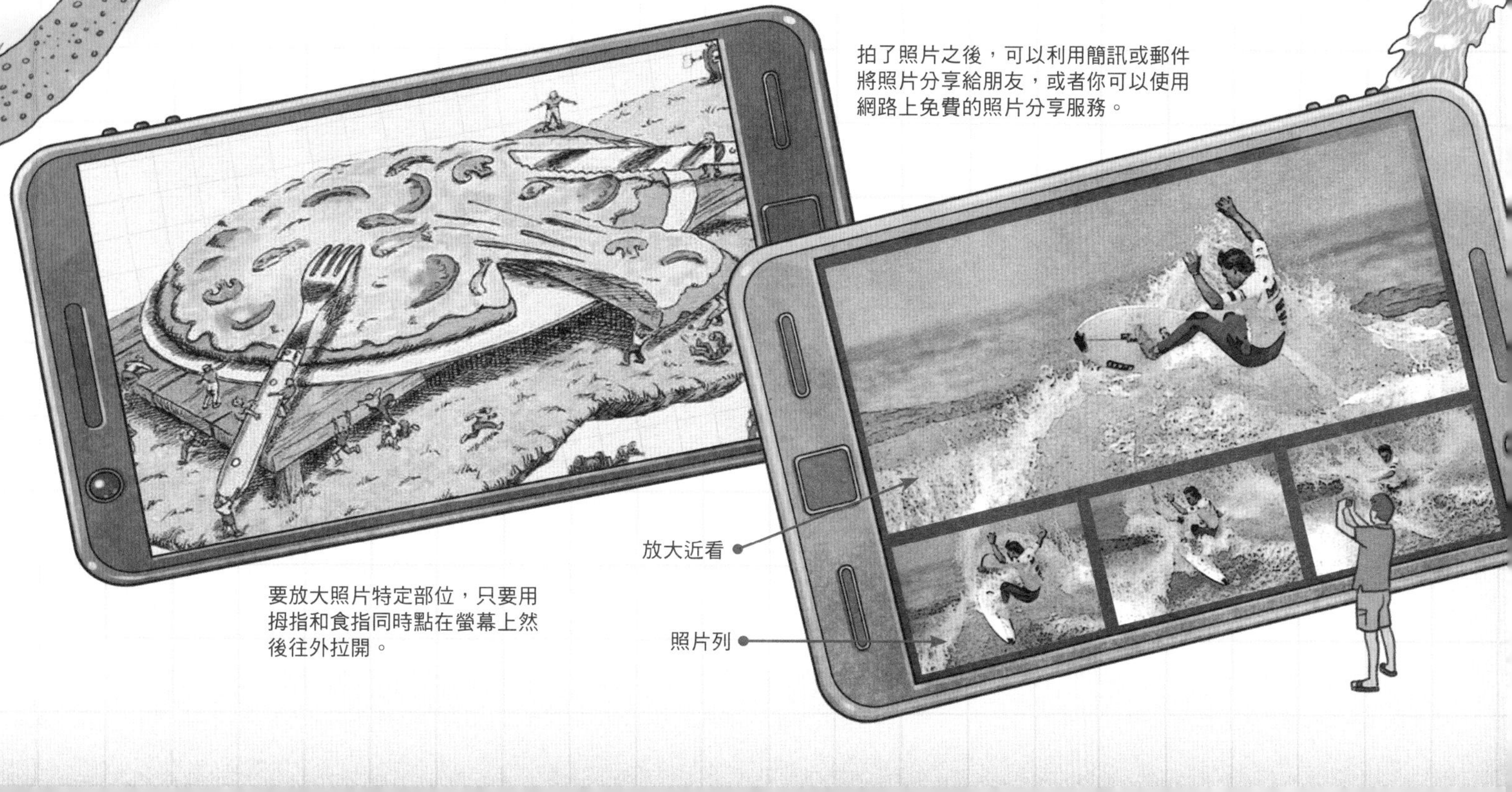
放大近看
照片列

拍了照片之後，可以利用簡訊或郵件將照片分享給朋友，或者你可以使用網路上免費的照片分享服務。

要放大照片特定部位，只要用拇指和食指同時點在螢幕上然後往外拉開。

人類的鼻子靈敏，能聞到煙味，但是只能在煙很靠近的時候才聞得出來。如果煙是從關上門的另一側開始蔓延，或者你正在睡覺，又或是你感冒了聞不到煙味，怎麼辦？這時候煙霧偵測器就派上用場了。一旦偵測到煙，警鈴就會大響，整個房子都聽得到。

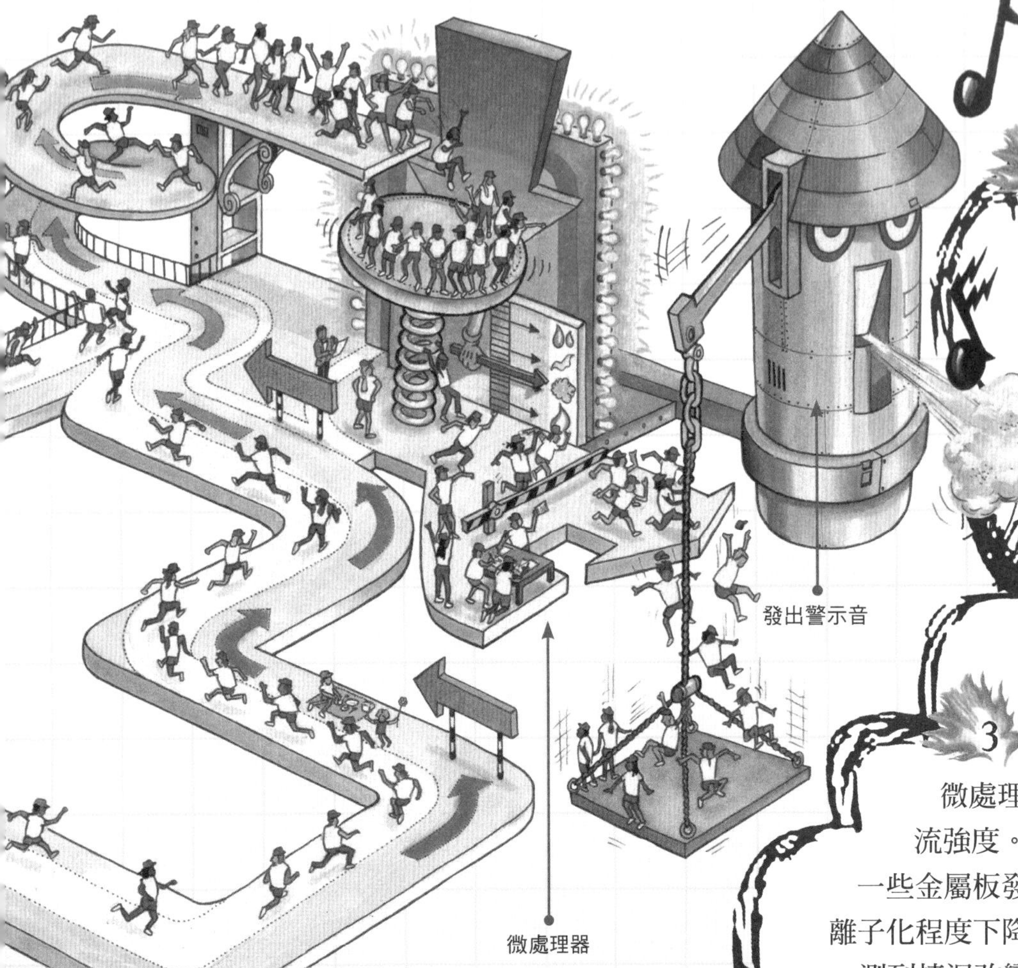

4 啟動警鈴

真正的煙霧偵測器的警鈴還包含了一片薄金屬片。當微處理器收到有煙霧的訊息，就會打開電流讓金屬板迅速震動，發出刺耳的聲音。

發出警示音

微處理器

3 偵測到變化

微處理器會監控兩片金屬片之間的電流強度。當煙霧進入感應裝置，會吸收一些金屬板發出的放射線。結果，周遭空氣離子化程度下降，電流就減弱了。微處理器偵測到情況改變，立刻就啟動警鈴。

1 偵測裝置

偵測裝置包含兩片金屬片，兩片的距離大約2.5公分，連接到一顆電池上。這兩片之間的空氣被微弱的**輻射**給**離子化**，或者說是被充電了，所以這些小金屬片之間的空氣能夠讓少量的電流通過。只要這股電流保持穩定，偵測器就不會響。但是只要有煙散布到這兩片金屬片之間，阻礙了電流，就會觸動警鈴。

在這張大圖中，兩片金屬片被畫成兩座五層樓的高樓，電流被畫成像光束一樣，跨越兩座高樓之間的空隙。

2 空氣充電

偵測裝置中的金屬層板稍微帶有**放射性**。這個層板會持續往周遭空氣發射微粒，這些微粒撞擊到空氣後，原子就會被充電，或說是離子化。因為離子能導電，所以電池產生的微小電流就能流動在兩金屬片之間。

智慧型手機

在2015年，全世界大約有二十七億人口擁有智慧型手機。這些令人驚嘆的手機，可以上網、使用**應用程式**、玩遊戲、照相，以及拍攝影片。手機現在已經是地球上最重要的物品。那麼，手機是怎麼運作，你又能拿它來做什麼呢？

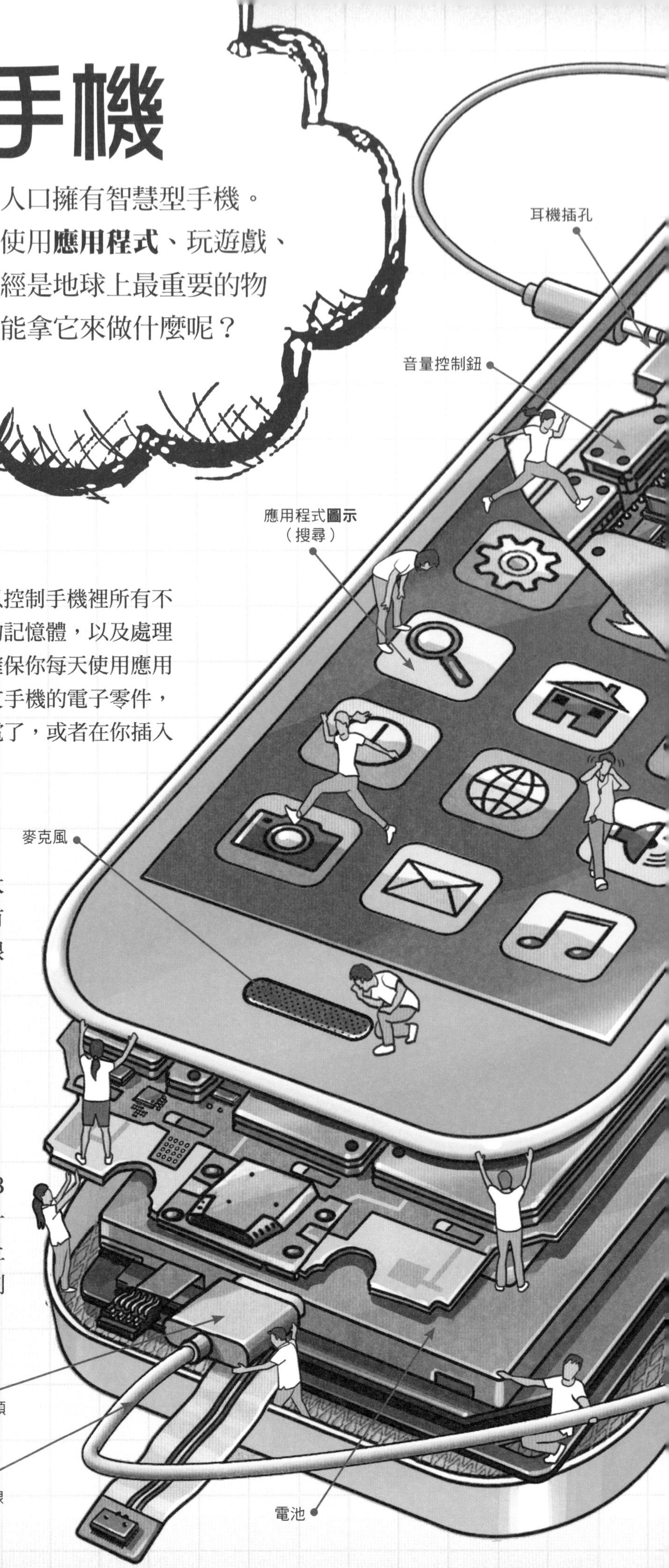

1 作業系統

所有智慧型手機都會使用一種**作業系統**，以控制手機裡所有不同的部件，例如**觸控螢幕**，儲存所有東西的記憶體，以及處理器（也就是手機的「大腦」），作業系統確保你每天使用應用程式時，能順暢運作。作業系統也控制這支手機的電子零件，所以當你插上電源線時，手機會知道要充電了，或者在你插入耳機時關掉喇叭。

2 電池

世界上第一支手機的電池比手機本身還要大很多，手機經常要接在電池上，電池上還有個提把，看起來就像午餐盒！現代的電池很小，幾小時就能充飽電，可以用上一整天。

3 USB接頭

現代智慧型手機有單一插孔能夠連接USB線。手機需要充電時，只要把這條線插進一個特別的電源插座，也可以把USB線接上你的電腦，這樣就能把手機裡的照片傳輸到電腦裡，確保安全。

耳機插孔

音量控制鈕

應用程式圖示（搜尋）

麥克風

USB接頭

USB線

電池

6 音樂

用智慧型手機聽音樂是種很棒的享受，不管是插上耳機或是接上外接喇叭。你可以購買音樂並下載到你的手機裡，或是聽網路上的**串流**音樂。有點像在聽廣播，只不過是由你來選擇要聽什麼，而不是廣播節目製作者決定。你也能利用智慧型手機創作音樂，只要購買吉他、鼓或鍵盤的應用程式，聽起來就像真的樂器一樣，用這些來創作你自己的鈴聲，或是錄下曲調和歌曲。

有些手機的應用程式，在你演奏時，聽起來就像真的樂器。用耳機聽會更棒！

7 上傳影片

把你的影片上傳到網路上，很容易就能和別人分享。手機通常會自動壓縮影片使檔案變小，這樣上傳速度比較快，別人看影片也會比較順暢。

8 定位服務

有些應用程式在你的手機上使用定位服務，能夠準確標出你在哪裡。這可以讓應用程式在你走路或開車時，指引你方向。也因為有定位服務，所以應用程式知道你想找附近哪裡有電影院或餐廳，而不會去尋找很遠的地方。

影片分享服務通常是免費的，但可能在使用前要求你設立一個帳號。就像很多服務一樣，必須要達一定年齡才可以使用。

你隨時可以把定位服務打開或關掉。

平板電腦

平板電腦基本上就是大型的智慧型手機，但是不能打電話或傳送簡訊。它可以透過無線網路（你家或是咖啡館的）來上網，若在戶外，有些平板電腦可以使用手機網路來上網。做某些事情的時候，平板電腦的大螢幕比較好用，例如閱讀電子書、電子雜誌及漫畫，或看電視節目、網路影片。用平板電腦打報告或是練習鋼琴技巧也比較方便。螢幕加大，差別就很大。

就和智慧型手機一樣，用手指滑螢幕，往上往下或往左往右，並且用手指點選應用程式。平板電腦也會知道你是正拿還是橫拿，大部分應用程式會自動調整，顯示正確的配置。

看電影

平板電腦的螢幕明亮、畫質清晰，非常適合用來看電影，不論在床上、沙發上，或是長途旅程。很多網路服務商只要你每月付費就能無限制的看電影或影集，此外，還有很多完全免費的影片網站，裡面有百萬部電影可以觀賞。

遊戲

平板電腦上有數以千計的遊戲可以玩，很多是免費的，即使需要付費也不會太貴。很多遊戲是特別設計給平板電腦使用，這樣才能使用特殊功能，例如移動平板電腦來操控車子，或是用手指掃過螢幕來移動角色、丟東西。很多電腦或遊戲機上受歡迎的遊戲，會被設計成在平板電腦上也可以玩。

挪到哪裡都可以

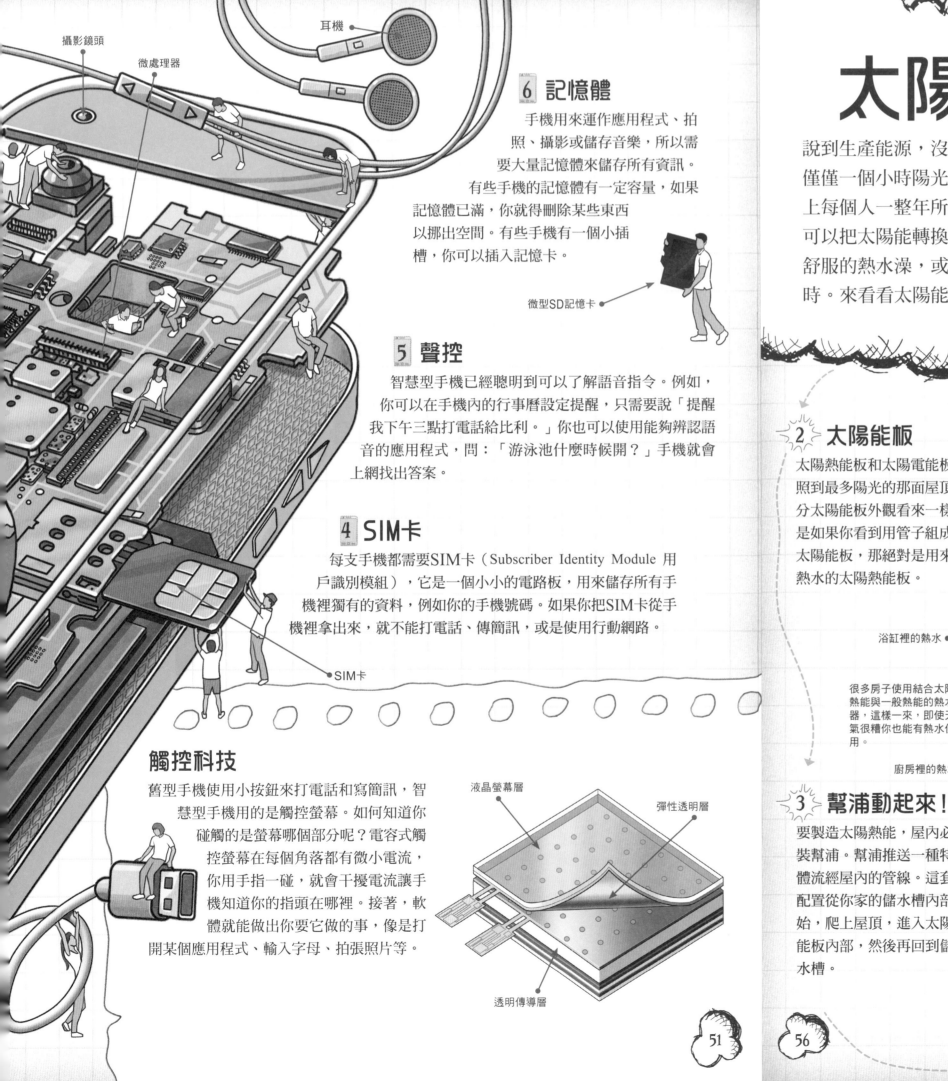

攝影鏡頭

耳機

微處理器

6 記憶體

手機用來運作應用程式、拍照、攝影或儲存音樂，所以需要大量記憶體來儲存所有資訊。有些手機的記憶體有一定容量，如果記憶體已滿，你就得刪除某些東西以挪出空間。有些手機有一個小插槽，你可以插入記憶卡。

微型SD記憶卡

5 聲控

智慧型手機已經聰明到可以了解語音指令。例如，你可以在手機內的行事曆設定提醒，只需要說「提醒我下午三點打電話給比利。」你也可以使用能夠辨認語音的應用程式，問：「游泳池什麼時候開？」手機就會上網找出答案。

4 SIM卡

每支手機都需要SIM卡（Subscriber Identity Module 用戶識別模組），它是一個小小的電路板，用來儲存所有手機裡獨有的資料，例如你的手機號碼。如果你把SIM卡從手機裡拿出來，就不能打電話、傳簡訊，或是使用行動網路。

SIM卡

觸控科技

舊型手機使用小按鈕來打電話和寫簡訊，智慧型手機用的是觸控螢幕。如何知道你碰觸的是螢幕哪個部分呢？電容式觸控螢幕在每個角落都有微小電流，你用手指一碰，就會干擾電流讓手機知道你的指頭在哪裡。接著，軟體就能做出你要它做的事，像是打開某個應用程式、輸入字母、拍張照片等。

液晶螢幕層

彈性透明層

透明傳導層

太陽能板

說到生產能源，沒有什麼比得過太陽。僅僅一個小時陽光所提供的能源，就比地球上每個人一整年所使用的能源還多。太陽能板可以把太陽能轉換到有用的地方，例如讓你洗個舒服的熱水澡，或是欣賞最喜歡的電視節目一小時。來看看太陽能板是怎麼運作的吧！

1 來自太陽的能源

太陽能可以用來將水加熱或產生電力。當用來加熱泡澡、沖澡，或是暖氣所使用的水，叫作「太陽熱能」。當用來產生電力，啟動電子用品、家電等，則稱作「太陽電能」。

太陽熱能板

太陽電能板

2 太陽能板

太陽熱能板和太陽電能板都是裝在能照到最多陽光的那面屋頂上。大部分太陽能板外觀看來一樣，但是如果你看到用管子組成的太陽能板，那絕對是用來加熱水的太陽熱能板。

浴缸裡的熱水

很多房子使用結合太陽熱能與一般熱能的熱水器，這樣一來，即使天氣很糟你也能有熱水使用。

廚房裡的熱水

3 幫浦動起來！

要製造太陽熱能，屋內必須安裝幫浦。幫浦推送一種特別液體流經屋內的管線。這套管線配置從你家的儲水槽內部開始，爬上屋頂，進入太陽能板內部，然後再回到儲水槽。

儲水槽

幫浦推送液體到管線迴路

房子這一側照到最多陽光

太陽能發電廠

不是只有房屋才有太陽能板，還有很大的太陽能發電廠。這些發電廠使用好幾千個鏡子來捕捉陽光，反射到一個中央塔，稱作接收器。接收器內布滿管路，裝著一種特別的液體，在陽光照射下會變熱並轉為水蒸氣。水蒸氣能推動**渦輪**（是一種大型引擎），就能產生電力。電經由空中或地下的電纜輸送，最後送達你家。

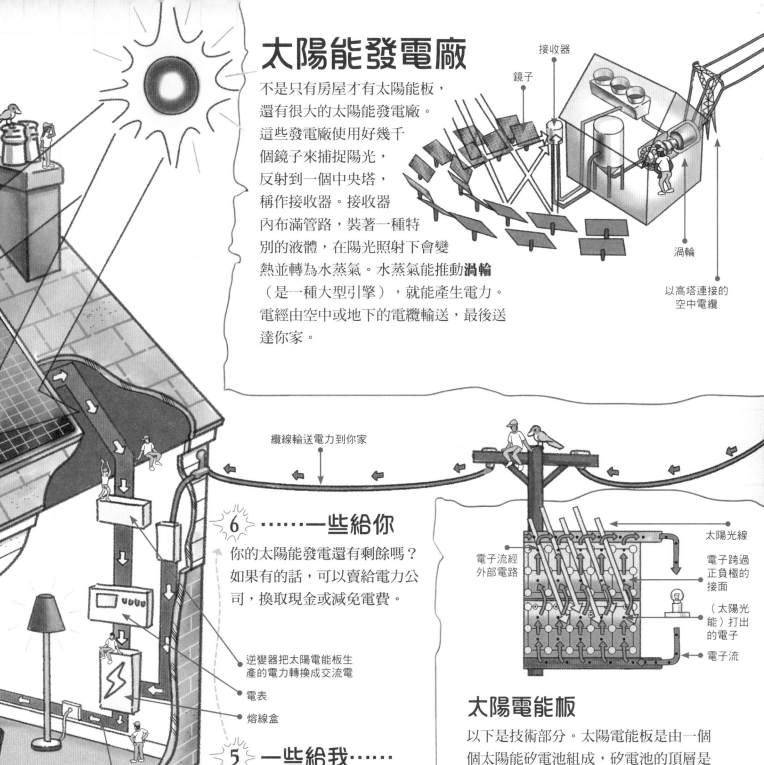

接收器

鏡子

渦輪

以高塔連接的空中電纜

纜線輸送電力到你家

6 ……一些給你

你的太陽能發電還有剩餘嗎？如果有的話，可以賣給電力公司，換取現金或減免電費。

逆變器把太陽電能板生產的電力轉換成交流電

電表

熔線盒

5 一些給我……

太陽電能板產生的電能會經過電表，這樣你就能知道發了幾度電，接著它會再通過一個熔線盒，由熔線盒負責管理房子電力的分布。

4 感覺到熱

幫浦推送的特別液體一開始是冷的，經過太陽能板時就被加熱了，然後再回送到儲水槽時，把水加熱。這樣你就能洗個舒服的熱水澡，甚至還能洗碗呢！整個流程一直循環。

太陽電能用在啟動電視、燈及其他家電。

太陽光線

電子跨過正負極的接面

（太陽光能）打出的電子

電子流

電子流經外部電路

太陽電能板

以下是技術部分。太陽電能板是由一個個太陽能矽電池組成，矽電池的頂層是正極、底層是負極。正負極的接面會形成電場，有點像普通的**電池**。太陽光可想成是由很多光的小粒子組成，叫做光子。當太陽光照射在矽電池時，光子會撞擊出電子，電場驅動電子流動，產生電力。不過問題是——這種電力不能用在電視或烤麵包機！所以必須經過一種特殊的裝置，稱作逆變器，才可以轉換成家電使用的電力——交流電。

門鈴

如果你曾好奇門鈴是如何運作的，看完這篇你就能明白。門鈴和很多機械一樣需使用電力。當你的手指按下按鈕，電力產生**磁場**，牽動鈴的撞槌，鈴聲就響了。如果鈴聲只響一次，可能無法引起注意。幸好，這種門鈴是設計成只要不放開按扭，就能一直響。結果，不聽到也難！

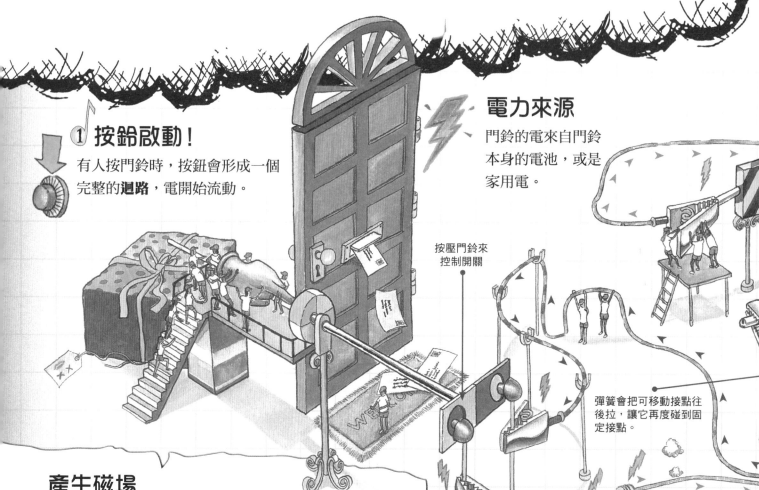

① 按鈴啟動！

有人按門鈴時，按鈕會形成一個完整的**迴路**，電開始流動。

電力來源

門鈴的電來自門鈴本身的電池，或是家用電。

按壓門鈴來控制開關

彈簧會把可移動接點往後拉，讓它再度碰到固定接點。

產生磁場

電力流經金屬線，會在金屬線周圍形成一個磁場。如果你拿指北針靠近金屬線，就能觀察到這個狀況。通常指北針的指針是指向北方，但只要電流通過金屬線，指針就會顯示有磁場產生。現在金屬線有了磁性，就能夠和金屬物質**相吸**或**相斥**。

開關

指北針全都指向北

電流關閉

指北針顯示磁場產生

電流開啟

電池

變壓器

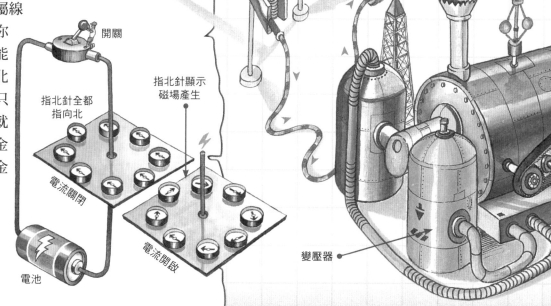

③ 撞槌啟動！

門鈴有兩個金屬**電子接點**。其中一個固定不動，另一個則是連著一條可以前後移動的彈簧臂。彈簧臂連接到敲鐘的撞槌。電流流經兩個金屬接點和**電磁鐵**，就產生了磁場，把可移動接點往前拉向電磁鐵，當彈簧臂往前時，撞槌就會敲到鈴。

撞槌敲鈴

被槌子敲到的鈴會震動，製造**聲波**。

建立或打破

一旦彈簧臂移動，兩個接點分開時，電路就會被切斷，電流不通，磁場就會消失。現在彈簧把可移動的接點向後拉，所以兩個接點又碰在一起，電流通過，整個程序又再次開始。

固定接點

可移動接點，與撞槌裝置相連。

電流在纏繞於磁鐵的金屬線裡移動，產生了磁場。

電磁鐵

② 轉換電壓

電順著金屬線流到變壓器，降低電壓。電壓是「推送」電子在迴路裡繞行的力量。和電視不同的是，門鈴只需要很低的電壓迴路。

暫時引力

普通磁鐵具有持續的磁性，所以並不適合用在門鈴。電磁鐵就不同了，因為電磁鐵只有在電流通過時才會產生磁性。

59

3D列印機

想像一下，當你需要某個東西的時候，不用到商店裡買了。例如一個新的杯子，你可以從電腦裡叫出基本圖形，再做些調整，然後就能做出一個自己設計的杯子。沒錯，這就是3D列印機能辦到的事。

電源線

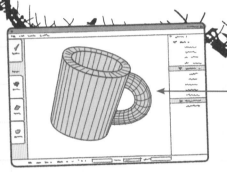

首先，你需要一個基本圖形。

① 電腦模型

第一件要做的事，就是讓列印機知道你想做什麼，這表示你需要一個基本圖形。這個基本圖形必須使用特殊軟體，例如CAD（電腦輔助設計）軟體，能設計出良好的3D模型。無論你要做的是什麼，每個部位的角度都要測量好，才能成為完美的設計。你也可以從網路上免費下載好幾千種設計。

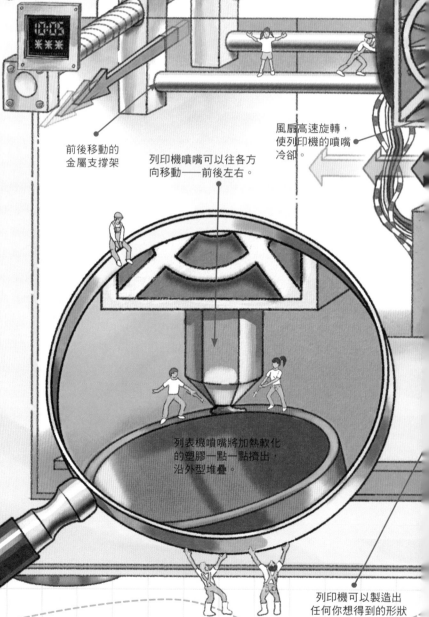

前後移動的金屬支撐架

列印機噴嘴可以往各方向移動——前後左右。

風扇高速旋轉，使列印機的噴嘴冷卻。

列表機噴嘴將加熱軟化的塑膠一點一點擠出，沿外型堆疊。

列印機可以製造出任何你想得到的形狀。

接著，電腦會切分這個基本圖形，做成分層模型。

② 用程式切分若干層斷面

有了3D模型之後，電腦程式會把它切成一片片非常薄的斷面薄層。需要這樣做是因為列印機有特殊的運作方式。

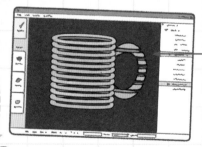

③ 列印機噴嘴的動作

普通的列印機有個前後移動的噴嘴採直線式的噴出墨水到整張紙上。但是在3D列印機裡，噴嘴不僅需要前後移動，還要左右移動。

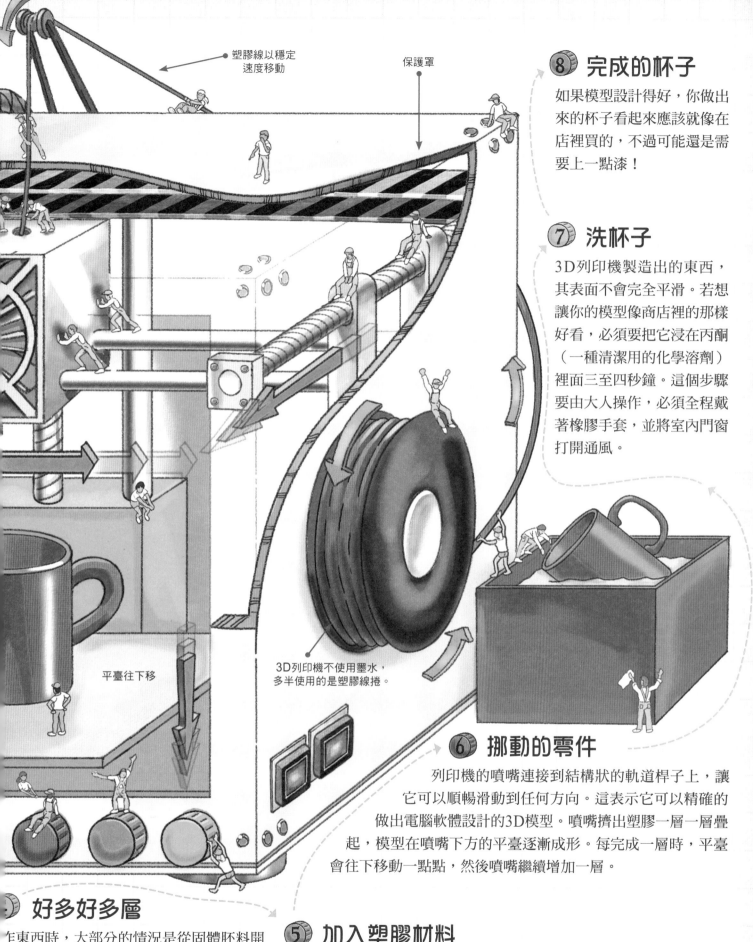

塑膠線以穩定
速度移動

保護罩

⑧ 完成的杯子

如果模型設計得好，你做出來的杯子看起來應該就像在店裡買的，不過可能還是需要上一點漆！

⑦ 洗杯子

3D列印機製造出的東西，其表面不會完全平滑。若想讓你的模型像商店裡的那樣好看，必須要把它浸在丙酮（一種清潔用的化學溶劑）裡面三至四秒鐘。這個步驟要由大人操作，必須全程戴著橡膠手套，並將室內門窗打開通風。

平臺往下移

3D列印機不使用墨水，多半使用的是塑膠線捲。

⑥ 挪動的零件

列印機的噴嘴連接到結構狀的軌道桿子上，讓它可以順暢滑動到任何方向。這表示它可以精確的做出電腦軟體設計的3D模型。噴嘴擠出塑膠一層一層疊起，模型在噴嘴下方的平臺逐漸成形。每完成一層時，平臺會往下移動一點點，然後噴嘴繼續增加一層。

好多好多層

乍東西時，大部分的情況是從固體胚料開，由機器或轉或磨，把胚料製成一個特定狀。但3D列印機不同，它是很薄很薄的層堆疊，開始時先做第一層，然後再一層疊上去，直到製造出那個特定形狀。

⑤ 加入塑膠材料

3D列印機不是使用墨水，而是使用許多不同的材料，包括某種塑膠。這種塑膠有點像釣魚線那樣收納成一捆線捲，放在列印機的側邊，從管子供應到列印機的噴嘴，接著塑膠會被加熱，從噴嘴擠出。

天氣預報

如果你想要知道明天是晴天或雨天，可以看電視上的天氣預報。但是氣象預報員又是怎麼知道天氣會如何呢？他們觀察世界各地的天氣，然後預測接下來幾天會怎麼發展或變化。

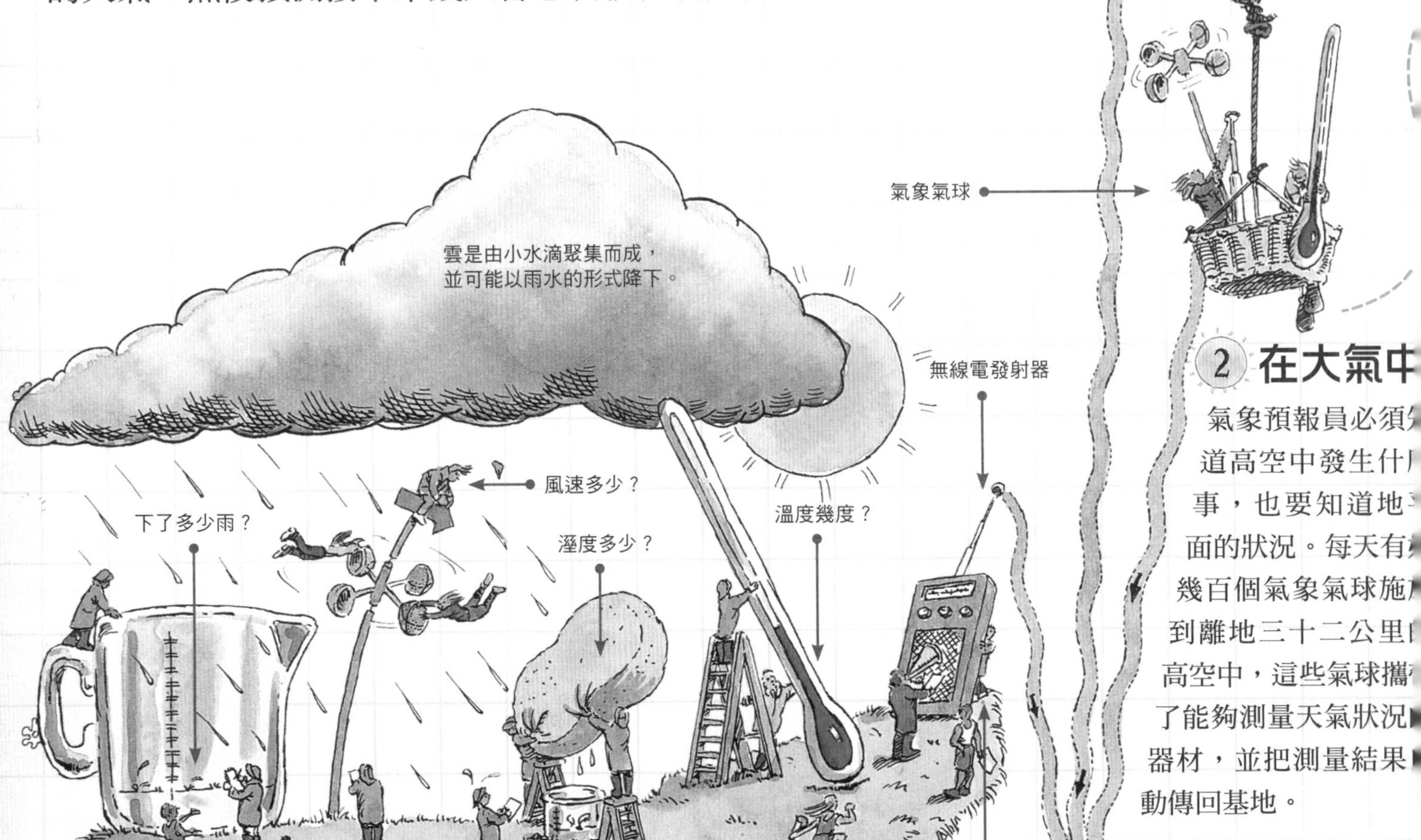

雲是由小水滴聚集而成，並可能以雨水的形式降下。

下了多少雨？

風速多少？

溼度多少？

溫度幾度？

氣象氣球

無線電發射器

氣象站

氣象局

② 在大氣中

氣象預報員必須知道高空中發生什麼事，也要知道地面的狀況。每天有好幾百個氣象氣球施放到離地三十二公里的高空中，這些氣球攜帶了能夠測量天氣狀況的器材，並把測量結果自動傳回基地。

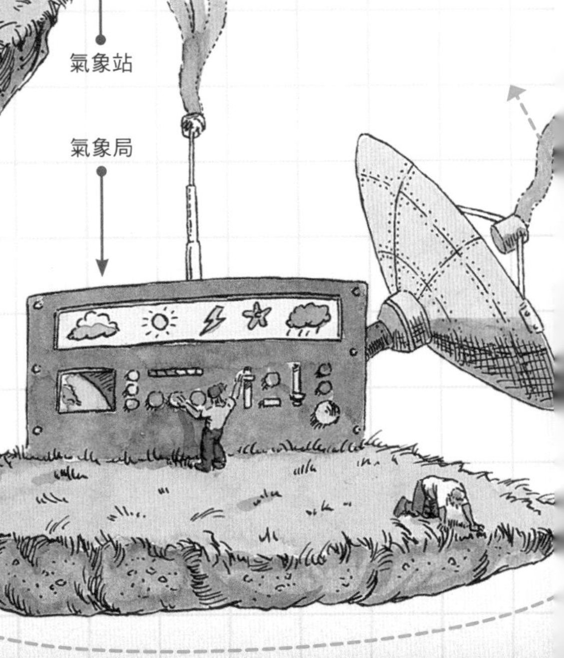

① 天氣觀測

世界各地的氣象站會測量當地空氣的溼度、溫度、密度（也就是氣壓）、降雨量與風速。氣象站用無線電把這些數據傳送到當地氣象局。氣象局將施放的氣象氣球、**人造衛星**，以及當地氣象站收集到的資料或數據，再發射到另一個衛星上。

全球通訊
人造衛星

氣象中心
接收數據

④ 接收到了嗎？

有個全球通訊衛星（GTS）會接收世界各地
傳來的數據，然後發射回到一個主要的天氣中
心。在這裡，數據被輸入一臺威力強大的「超級
電腦」。這臺電腦會運算未來每個氣象站的
觀測數據，然後印出來。

③ 從太空中看

太空中的人造衛星繞著地
球拍照，然後將照片傳到
地面上的氣象局。預報員
從照片裡可以看出雲在哪
裡，以及什麼樣的天氣型
態正在發展。

電腦印出
數據

⑤ 氣象圖

接下來，這臺電腦使用數據
製成氣象圖，顯示每一區的
天氣狀況。

電腦預測的結果被傳送
到所有氣象局和氣象站

製作氣象圖

無線電波

氣象預報員
解釋各地天
氣圖

各地天氣圖

看電視天氣預報

⑥ 明天的天氣

電視的天氣預報中，預報員會使
用氣象圖製作一張我們都能了解
的天氣圖，小太陽表示晴天、雲
表示陰天、水滴表示雨天等。現
在你就知道明天要穿厚外套還是
短袖了！

電視

你不必離開座位就能到火星一遊、收看最喜歡的球賽、欣賞遠方的野生動物,這是如何辦到的?當然——就是看電視嘛!不過,電視裡藏的祕密是什麼?

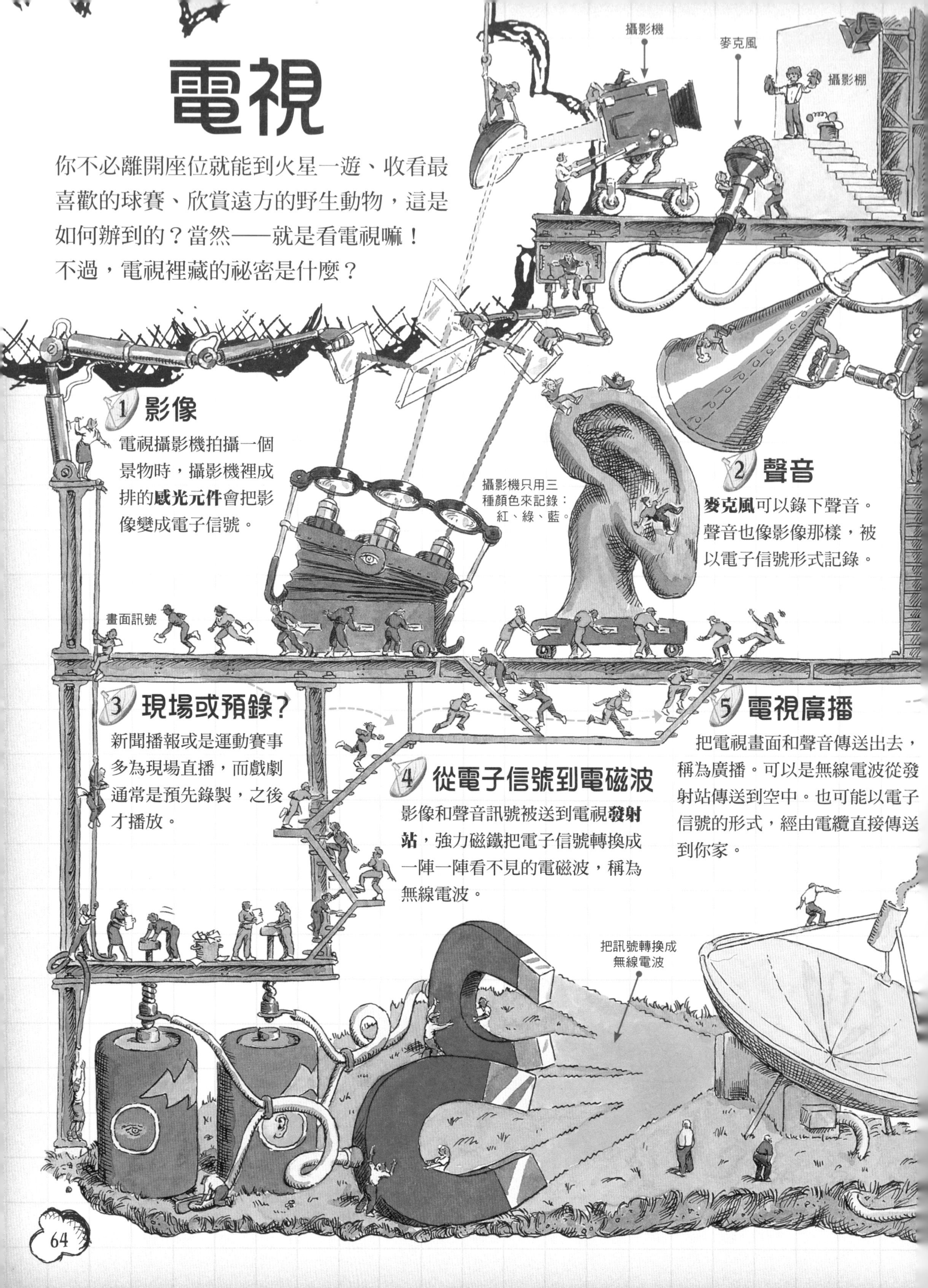

攝影機

麥克風

攝影棚

1 影像

電視攝影機拍攝一個景物時,攝影機裡成排的**感光元件**會把影像變成電子信號。

攝影機只用三種顏色來記錄:紅、綠、藍。

畫面訊號

2 聲音

麥克風可以錄下聲音。聲音也像影像那樣,被以電子信號形式記錄。

3 現場或預錄?

新聞播報或是運動賽事多為現場直播,而戲劇通常是預先錄製,之後才播放。

4 從電子信號到電磁波

影像和聲音訊號被送到電視**發射站**,強力磁鐵把電子信號轉換成一陣一陣看不見的電磁波,稱為無線電波。

5 電視廣播

把電視畫面和聲音傳送出去,稱為廣播。可以是無線電波從發射站傳送到空中。也可能以電子信號的形式,經由電纜直接傳送到你家。

把訊號轉換成無線電波

人造衛星

地球周圍圍繞著地球運行的人造衛星超過一千個，各有不同的功能。有些能使我們能看電視車裡衛星導航的資訊；有些讓我們可以和遠方的朋友說話；有些幫助我們預測天氣。一旦火箭執行任務了，就輪到人造衛星執行任務了。

一般型態的軌道

人造衛星繞行地球的軌道有很多種型態。這裡舉出三個例子：

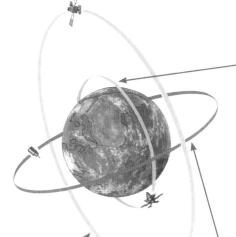

在地球同步軌道上的人造衛星，繞行速度和地球自轉速度一致，也就是繞地球一圈正好二十四小時。這類型的人造衛星可以在地表示同步型的人造衛星對於繪製大範圍的地球表面衛星影像幫助很大，例如可用在監控天氣。

有些人造衛星繞行地球南北兩極。人造衛星在這個軌道繞行時，地球仍在自轉，所以在此軌道上的衛星對地球表面繪製同樣大範圍的地球表面衛星影像都是沿著繞地球運行。

低地球軌道是距地球較低，因為不需要使用強大發射器且比較便宜。國際太空站就是位在低地球軌道。

低、中、高軌道

人造衛星軌道分為三種：低、中、高。低地球軌道是距離地球一百六十公里到兩千公里的範圍，中地球軌道從兩千公里到三萬五千公里，高地球軌道則是高於三萬五千公里。哈伯太空望遠鏡在低地球軌道，以每九十分鐘繞地球一次，全球定位衛星的人造衛星（導航用）位於中地球軌道，以每十二小時繞行地球一次，監控天氣的衛星多位在高地球軌道，一天繞行地球一次。

整合測試

發射之前，人造衛星要送到一個特別的地方進行振動與衝擊測試機器裡，測試是否能承受火箭進太空時產生的振動與衝擊。接著人造衛星被安裝到火箭裡，其中的太陽能板必須折起來以節省空間。當火箭到達正確高度並進入軌道時，包覆人造衛星的保護罩就會打開並分離，這過程叫做「分離」，從現在開始，人造衛星並且要獨當一面了！

打開太陽能板

一旦人造衛星抵達軌道，太陽能板就會打開，這樣就能捕捉陽光並成轉化成電能，供給人造衛星所需的動力。同時，其他儀器也會打開，由在地球上的科學家進行遙控測試各種推進器、通訊設施及其他控制儀器，確保功能正常。

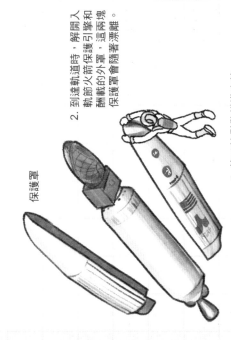

5. 然後，入軌節火箭會在大氣層裡燃燒殆盡。

4. 一抵達正確軌道，人造衛星就和入軌節火箭分離。

3. 入軌節火箭自行漂浮，再使用雙引擎推進入正確軌道。

2. 到達軌道時，解開入軌節火箭保護引擎和酬載的外罩，這兩塊保護罩會隨著漂離。

1. 第二節引擎推進火箭，衝出地球的大氣層。

人造衛星

保護罩

先進通訊衛星

美國國家航空暨太空總署的「先進通訊衛星」（ACTS）早在西元一九九三年發射升空。裡頭配備許多尖端科技，能夠高速傳送電子數據（圖像、影音）到地球上最偏遠的地方，「先進通訊衛星」現在已經從太空總署退休，成為教學工具。

接收訊號波
天線會接收從電視臺直接發射的訊號。從衛星發射回來的電視訊號則是由一片碟形**接收器**（衛星天線）來接收。

6 從太空來的電視
有時候電視節目必須播送到廣大區域或是很遠的地方，甚至是地球的另一端。這個時候，電視訊號就必須傳送到在太空中繞著地球轉的通訊衛星，再反射出來。

8 又變成光點
衛星天線和電視天線把無線電波轉換成電子信號，進入電視機。

無線電波

9 好看的節目！
電視機裡的**揚聲器**會發出聲音。電視螢幕裡有幾百萬個紅綠藍三色小色塊，叫做**畫素**，它們由電子信號控制，形成會動的影像。從遠處看，不同畫素的結合會產生彩色影像的錯覺。

65

發射火箭

把人造衛星送到太空，不是一件簡單的事。無論只是進入低地球軌道（160公里以上的高度）或是更遠，你都必須要有強大的火箭動力才能把它推離地面。因為要被發射上去的不只是衛星而已，還有用來攜帶衛星的巨大火箭，再加上所需的燃料！

1 引擎

大部分引擎會旋轉，但火箭引擎不一樣，它是反作用力式的引擎。想像你站在一個滑板上抓住消防隊員用的水管。水管噴出強力水柱，這個動作會把滑板往反方向推（這就是反作用力）。因為反作用力太強大了，所以消防水管需要好幾個消防員才能抓得住呢！火箭引擎的運作也是這樣，只不過火箭用的是火箭燃料，而不是水。

助推引擎

不到一分鐘，助推引擎停止運轉，然後被**彈射**分離出去。

固態火箭助推器

起初兩分鐘之內，兩對固態火箭助推器的燃料使用完畢，然後被彈射分離出去。

火箭推力

噴射引擎混合氧氣和燃料，然後點燃產生**推力**。不過，因為太空中沒有空氣能提供助燃，因此火箭必須自行攜帶氧氣，以液態氧形式裝在大儲存槽裡。

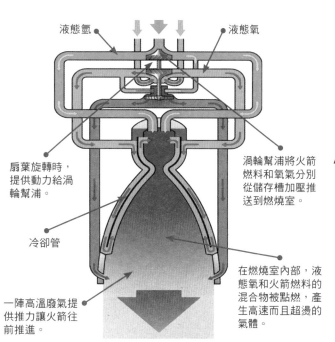

液態氫

液態氧

扇葉旋轉時，提供動力給渦輪幫浦。

渦輪幫浦將火箭燃料和氧氣分別從儲存槽加壓送到燃燒室。

冷卻管

在燃燒室內部，液態氧和火箭燃料的混合物被點燃，產生高速而且超燙的氣體。

一陣高溫廢氣提供推力讓火箭往前推進。

2 發射火箭

大部分火箭是從發射平臺被送入太空。這一個巨大的平臺有兩個作用。第一，讓工程師和技師為火箭裝填燃料與氧化劑，並檢查火箭外部是否有任何問題。第二，火箭在起飛以前需要支撐；火箭用特製扣栓固定在架子上，而扣栓上附有微量炸藥。火箭準備發射時，引爆炸藥、破壞扣栓，火箭就往上衝了。

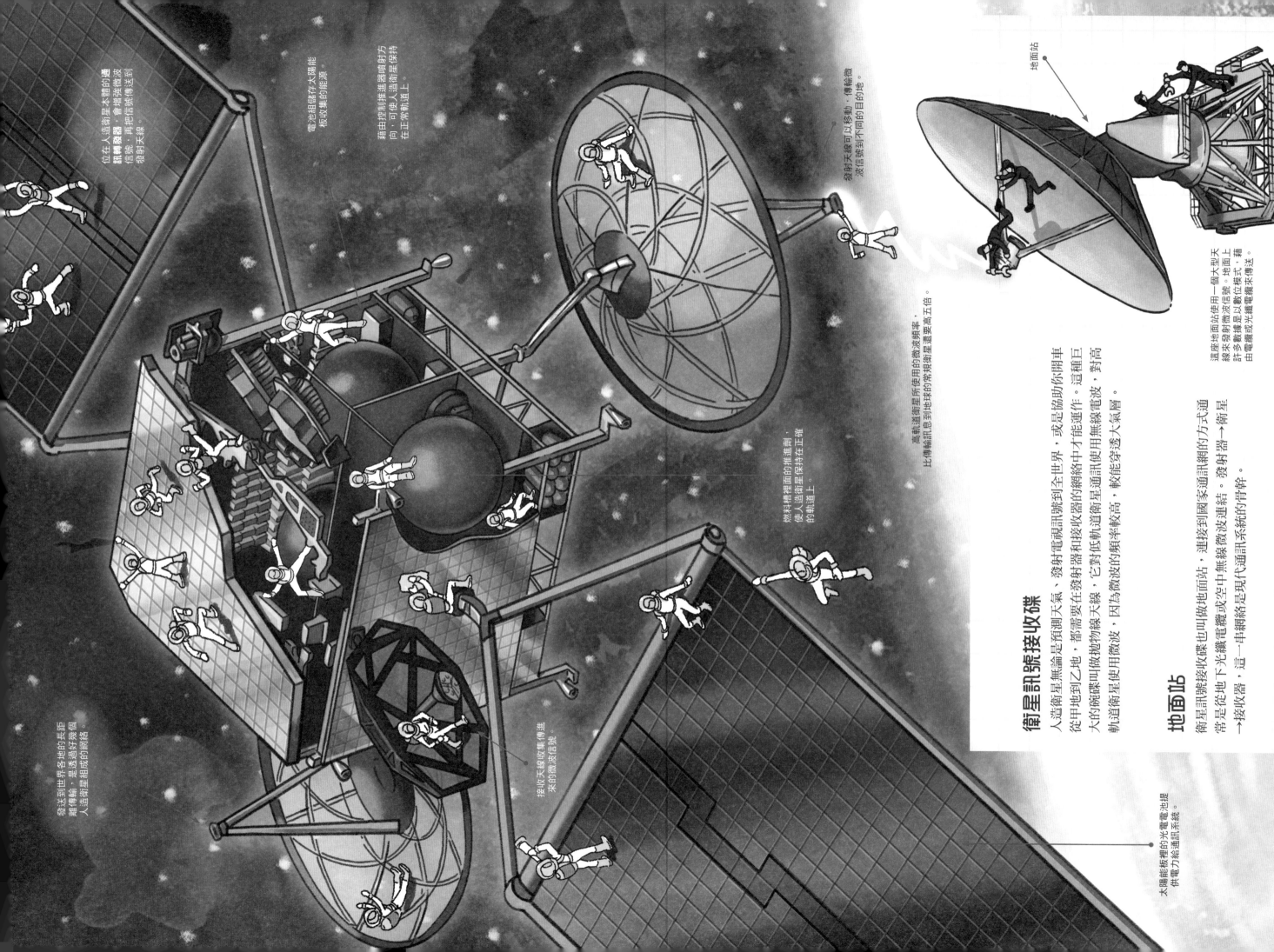

位在人造衛星本體的通訊轉發器，會增強微波信號，再把信號傳送到發射天線。

電池組儲存太陽能板收集的能源。

藉由控制推進器噴射方向，可使人造衛星保持在正常軌道上。

發射天線可以移動，傳輸微波信號到不同的目的地。

高軌道衛星所使用的微波頻率比傳輸訊息到地球的常規衛星還要高五倍。

燃料槽裡面的推進劑，使人造衛星保持在正確的軌道上。

發送到世界各地的長距離傳輸，是透過好幾個人造衛星組成的網絡。

接收天線收集從來的微波信號。

太陽能板提供的光電電池供電力給通訊系統。

地面站

衛星訊號接收碟

人造衛星無論是預測天氣、發射電視訊號到全世界，或是協助你開車從甲地到乙地，都需要在發射器和接收器的網絡中才能運作。這種巨大的碗狀碟叫做拋物線天線，它對低軌道衛星通訊使用無線電波，對高軌道衛星使用微波，因為微波的頻率較軟高，較能穿透大氣層。

地面站

衛星訊號接收碟也叫做地面站，連接到國家通訊網的方式通常是從地下光纖電纜或空中無線微波連結。發射器→衛星→接收器，這一串網絡就是現代通訊系統的骨幹。

這座地面站使用一個大型天線來發射微波信號。地面站有許多數據是以數位模式，藉由電纜或光纖電纜來傳送。

地面站

71

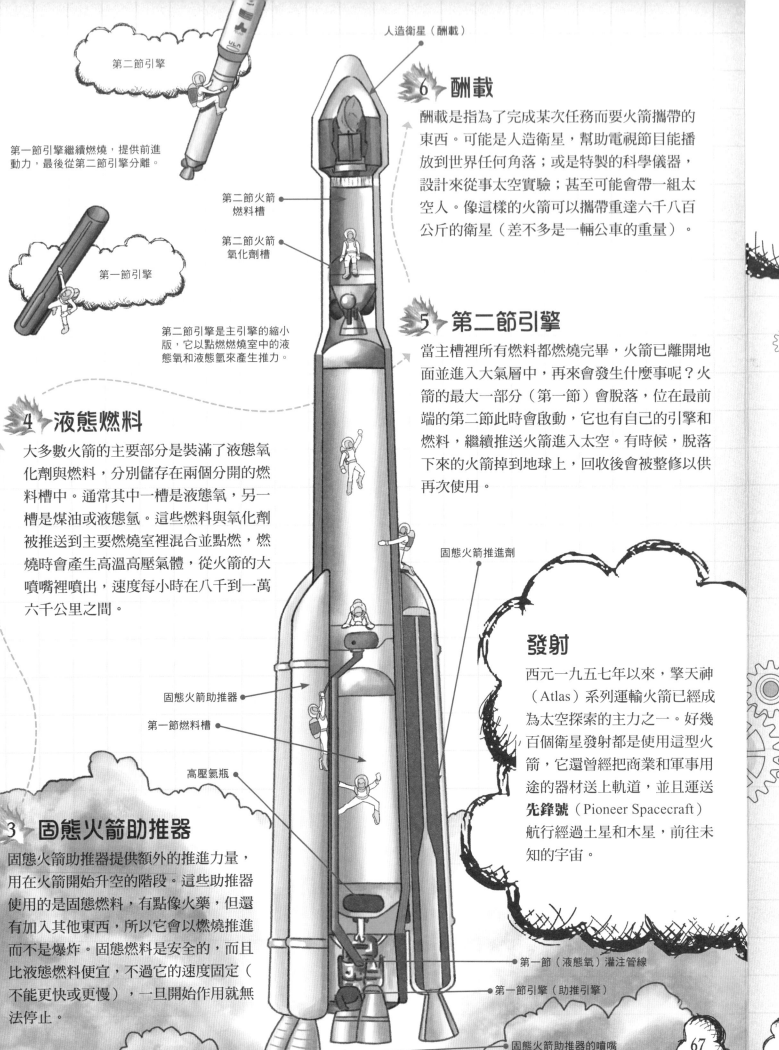

人造衛星（酬載）

第二節引擎

第一節引擎繼續燃燒，提供前進動力，最後從第二節引擎分離。

第一節引擎

6 酬載

酬載是指為了完成某次任務而要火箭攜帶的東西。可能是人造衛星，幫助電視節目能播放到世界任何角落；或是特製的科學儀器，設計來從事太空實驗；甚至可能會帶一組太空人。像這樣的火箭可以攜帶重達六千八百公斤的衛星（差不多是一輛公車的重量）。

第二節火箭燃料槽

第二節火箭氧化劑槽

第二節引擎是主引擎的縮小版，它以點燃燃燒室中的液態氧和液態氫來產生推力。

5 第二節引擎

當主槽裡所有燃料都燃燒完畢，火箭已離開地面並進入大氣層中，再來會發生什麼事呢？火箭的最大一部分（第一節）會脫落，位在最前端的第二節此時會啟動，它也有自己的引擎和燃料，繼續推送火箭進入太空。有時候，脫落下來的火箭掉到地球上，回收後會被整修以供再次使用。

4 液態燃料

大多數火箭的主要部分是裝滿了液態氧化劑與燃料，分別儲存在兩個分開的燃料槽中。通常其中一槽是液態氧，另一槽是煤油或液態氫。這些燃料與氧化劑被推送到主要燃燒室裡混合並點燃，燃燒時會產生高溫高壓氣體，從火箭的大噴嘴裡噴出，速度每小時在八千到一萬六千公里之間。

固態火箭推進劑

第一節燃料槽

固態火箭助推器

高壓氦瓶

3 固態火箭助推器

固態火箭助推器提供額外的推進力量，用在火箭開始升空的階段。這些助推器使用的是固態燃料，有點像火藥，但還有加入其他東西，所以它會以燃燒推進而不是爆炸。固態燃料是安全的，而且比液態燃料便宜，不過它的速度固定（不能更快或更慢），一旦開始作用就無法停止。

發射

西元一九五七年以來，擎天神（Atlas）系列運輸火箭已經成為太空探索的主力之一。好幾百個衛星發射都是使用這型火箭，它還曾經把商業和軍事用途的器材送上軌道，並且運送**先鋒號**（Pioneer Spacecraft）航行經過土星和木星，前往未知的宇宙。

第一節（液態氧）灌注管線

第一節引擎（助推引擎）

固態火箭助推器的噴嘴

汽車

你每天看到的汽車可能有好幾百輛，全世界總共有超過十億輛汽車。但是，你可曾想過汽車是如何運作？車子內部的科技應用又是怎麼回事？這個歷來最受歡迎且最受喜愛的機器，我們將以油電車為例，在這裡揭開它內部構造的奧祕。

1 四個汽缸引擎

汽車引擎的運作需要空氣和燃料。把這兩樣東西在小空間裡混合，再加上火花，產生的動力足以讓四組活塞上下移動。這些活塞連接到一根叫做曲軸的桿子，曲軸推動一根更長且穿過汽車中央的傳動軸。活塞上下移動時，就能帶動傳動軸。

2 傳動軸和差速器

四輪傳動的汽車，其傳動軸必須能轉動後輪軸，這就要使用精巧的裝置叫做差速器，它能以不同速度轉動後輪，這樣一來，汽車才能順暢轉彎。

3 齒輪箱

齒輪箱有兩個功能。第一，連結及解除連結引擎和車輪，這樣汽車停下來等待時才不會移動。第二，汽車引擎在一分鐘之內能轉動曲軸的次數有限，所以引擎轉動的次數和你要車子跑的速度之間，就由齒輪控制並達到正確的平衡。手排汽車的齒輪箱是由齒輪和離合器控制，要解除引擎和車輪之間的連結，需用腳踩離合器。接著換檔、放開離合器，車子就會轉換新檔來運作。

電池

避震器

散熱器

四個汽缸引擎

煞車油管

齒輪箱

風扇皮帶

風扇

油門踏板

馬達

煞車

4 燃料箱

加滿燃料時，燃料流進儲存箱，從那裡再由幫浦送到引擎使用。有些車款的幫浦位在汽車前面，由引擎供給能源。有些車款的幫浦就在燃料箱裡，使用汽車電池的電力。

5 混合型電池

有些現代汽車使用一般引擎和馬達。馬達位在引擎和混合型電池之間，把引擎產生的部分能源轉換成電力，然後儲存在混合型電池裡。當你煞車時，馬達往後運轉，不僅能使汽車慢下來，而且還能產生更多電力。

6 廢氣和觸媒轉換器

一連串管子從引擎通到汽車後面，把引擎所有廢氣帶出，通過觸媒轉換器，這是一個充滿化學物質的固體，內部為蜂巢狀，可以移除一些有害氣體，例如一氧化碳，然後才從廢氣管排出。

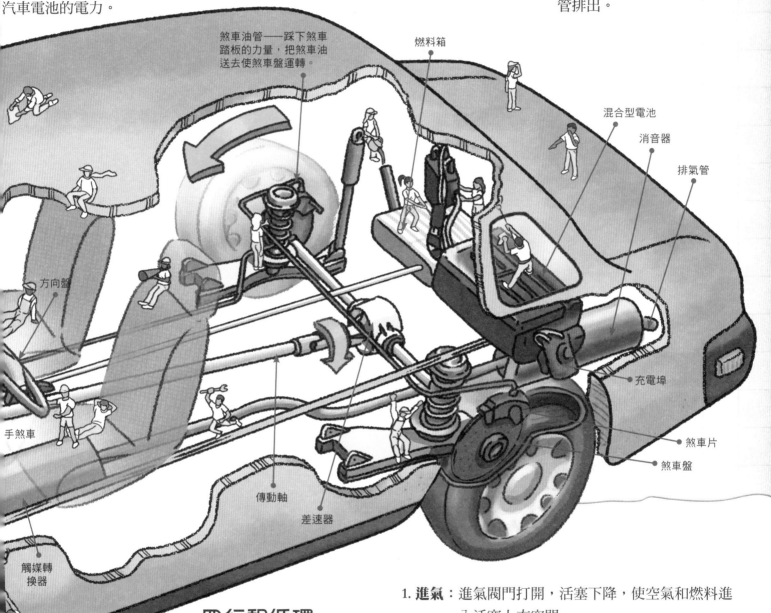

煞車油管——踩下煞車踏板的力量，把煞車油送去使煞車盤運轉。

燃料箱

混合型電池

消音器

排氣管

方向盤

充電埠

手煞車

煞車片

煞車盤

傳動軸

差速器

觸媒轉換器

四行程循環

汽車引擎的運作是在所謂的「四行程」循環中，每分鐘引爆數以百計的細微火花。下面將解釋這個運作過程。

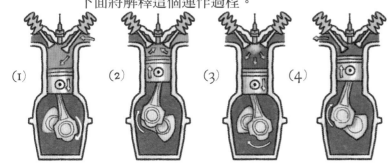

(1)　(2)　(3)　(4)

1. **進氣**：進氣閥門打開，活塞下降，使空氣和燃料進入活塞上方空間。

2. **壓縮**：進氣閥門關上，所以空氣出不去，活塞往上推，擠壓空氣和燃料的混合物。

3. **爆炸**：火花點燃混合物，製造小爆炸，使得活塞又下降。

4. **排氣**：活塞碰到底部時，排氣閥門打開，讓爆炸後留下的氣體排出，活塞又往上移動。整個循環從頭再來。

噴射機

一架滿載的飛機，其重量總共是兩萬四千五百公斤，這麼重的龐然大物要安全飛上天，並且任人操控、自由飛行，到底是如何辦到的呢？

④ 翼端小翼確保穩定

這架飛機的機翼端看起來好像有個巨人把它往上折彎了。折彎的部分叫做翼端小翼，不是每架飛機都有翼端小翼，但它能降低機翼周圍的**阻力**，增加**升力**，還有助於飛機保持平衡，讓飛機在耗油量相同的情況下，飛得更遠。

部分空氣被加壓後
吸入燃燒室以增加推力

符合空氣動力的機頭

能見度高的駕駛艙

③ 符合空氣動力的駕駛艙

飛機往前飛，在飛行時必須一直把空氣推開。而飛機的機頭和駕駛艙首當其衝要推開空氣，因此為了讓飛機前端四周的空氣能自由流動並降低**抗力**，將機頭設計成特別的形狀。

氣壓較低

氣壓較高

翼端小翼

2 壓力不同產生升力

飛機的機翼上面是曲面、下面是平的。機翼上下同時劃過空氣，因機翼上面的長度比下面長，所以上面空氣流速較快，**壓力**就比下面來得小。這就導致了**升力**，使飛機能保持在空中。

5 機翼的副翼

一旦升空，必須操控飛機往左往右或往上往下。每個機翼都有好幾個副翼，駕機員使用駕駛艙內的控制裝備來操縱、移動這些副翼。當駕機員操控向左，左邊機翼的副翼就會往上，右邊機翼的副翼就會往下。往上的副翼會降低升力，往下的副翼會增加升力，於是飛機就會開始往左側翻，方向就朝左轉了。

飛機爬升，需將操縱桿往後拉，升起機尾升降舵，於是機尾向下、機頭向上。

使飛機轉彎，就要讓飛機往你欲轉彎的方向側翻——這張圖中是往左側翻。

飛機下降，需將操縱桿向前推，降下機尾升降舵，於是機尾往上、機頭向下。

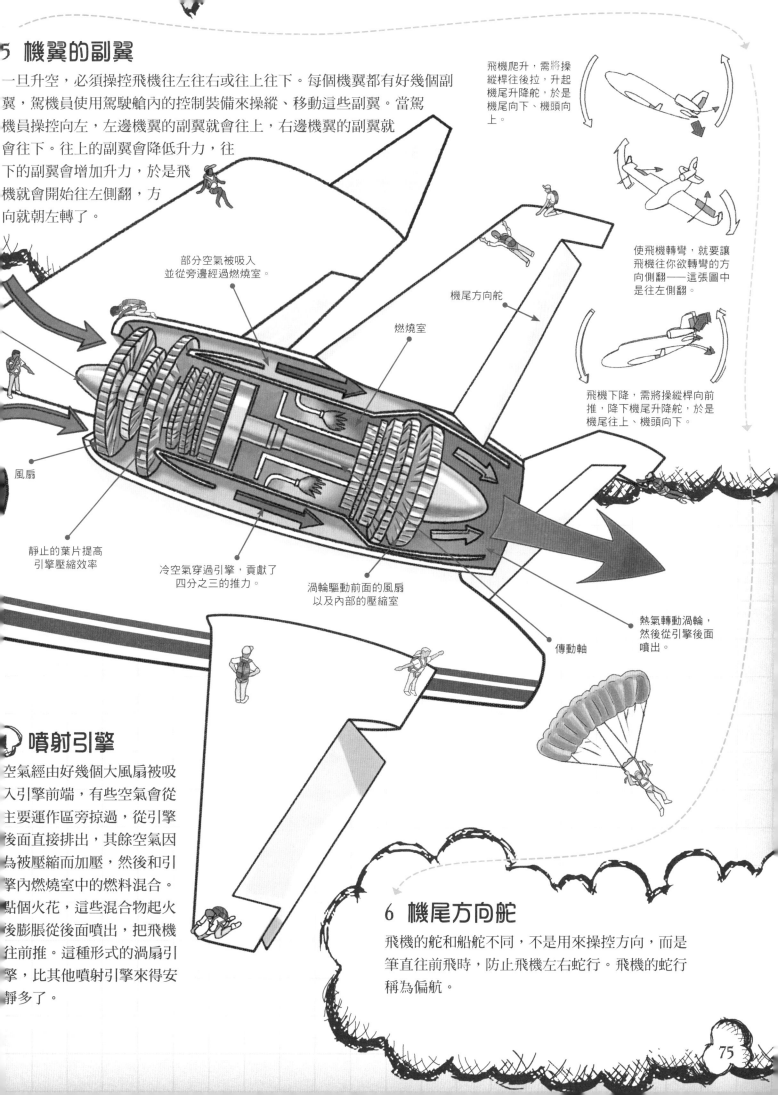

部分空氣被吸入並從旁邊經過燃燒室。

機尾方向舵

燃燒室

風扇

靜止的葉片提高引擎壓縮效率

冷空氣穿過引擎，貢獻了四分之三的推力。

渦輪驅動前面的風扇以及內部的壓縮室

傳動軸

熱氣轉動渦輪，然後從引擎後面噴出。

噴射引擎

空氣經由好幾個大風扇被吸入引擎前端，有些空氣會從主要運作區旁掠過，從引擎後面直接排出，其餘空氣因為被壓縮而加壓，然後和引擎內燃燒室中的燃料混合。點個火花，這些混合物起火後膨脹從後面噴出，把飛機往前推。這種形式的渦扇引擎，比其他噴射引擎來得安靜多了。

6 機尾方向舵

飛機的舵和船舵不同，不是用來操控方向，而是筆直往前飛時，防止飛機左右蛇行。飛機的蛇行稱為偏航。

潛水器

海洋中有些地方非常深，深到你如果把聖母峰丟進去，最高點（8848公尺）距離水面還有1.6公里！探索這些漆黑神祕的深處，需要特別的潛水器，叫做深海潛水器。

1 光

為什麼需要探照燈？因為在水面下大約兩百公尺的地方，太陽光就開始減弱，到了三百公尺就幾乎看不見太陽光了。三百公尺以下，你唯一能看見的光是海洋生物發出的光。

攝影機由
駕駛員操控

2 圓頂罩

圓頂罩提供了絕佳機會讓潛艇裡的人能看到水中生物，以及其他有趣的事物。圓頂罩不能用玻璃製作，因為玻璃在水的壓力下會裂開。圓頂罩是利用強韌而透明的塑膠——壓克力製成，它比玻璃輕，也比玻璃堅固十七倍。

能移動的強力燈光

3 外殼

潛水器的外殼或肋骨通常用鈦合金製成，這是一種混合金屬，非常強韌，不會生鏽，而且比鋼還有彈性，所以可以承受海水的壓力而不會挫曲變形。有些潛水器會使用其他輕量強韌又有彈性的材料，例如碳纖，這種材料也常用來製作釣竿。

遙控機械手臂

用來儲存
樣本的網籃

4 液壓操作手臂

潛水器裡的人員不可能到外面的水中拿取什麼有趣的東西帶回水面上，所以許多潛水器裝設具彈性的機械手臂來拾取東西。機械手臂是由內部控制，有點像夾娃娃機裡的機械抓鉗。

5 儲存架

機械手臂撿拾了任何東西，卻沒有窗戶讓它把東西直接帶進潛水器裡。所以，必須把東西放進一個有開口的大籃子中，將東西儲存在那裡，直到潛水器浮出水面。

操縱桿用來
控制載具

圓形的駕駛艙讓
駕駛員有良好的視野。

有些潛水器可容納
一個以上的駕駛員

7 推進器

推進器是由馬達供給動力，用來移動水中潛水器。調整推
進器的方向，駕駛員就可以讓潛水器往上下前後
移動。潛水器使用馬達，因為它很有效率
——大約百分之八十的電力可轉變
成運動動能。要是汽油引擎，
效率會少於百分之二十五。

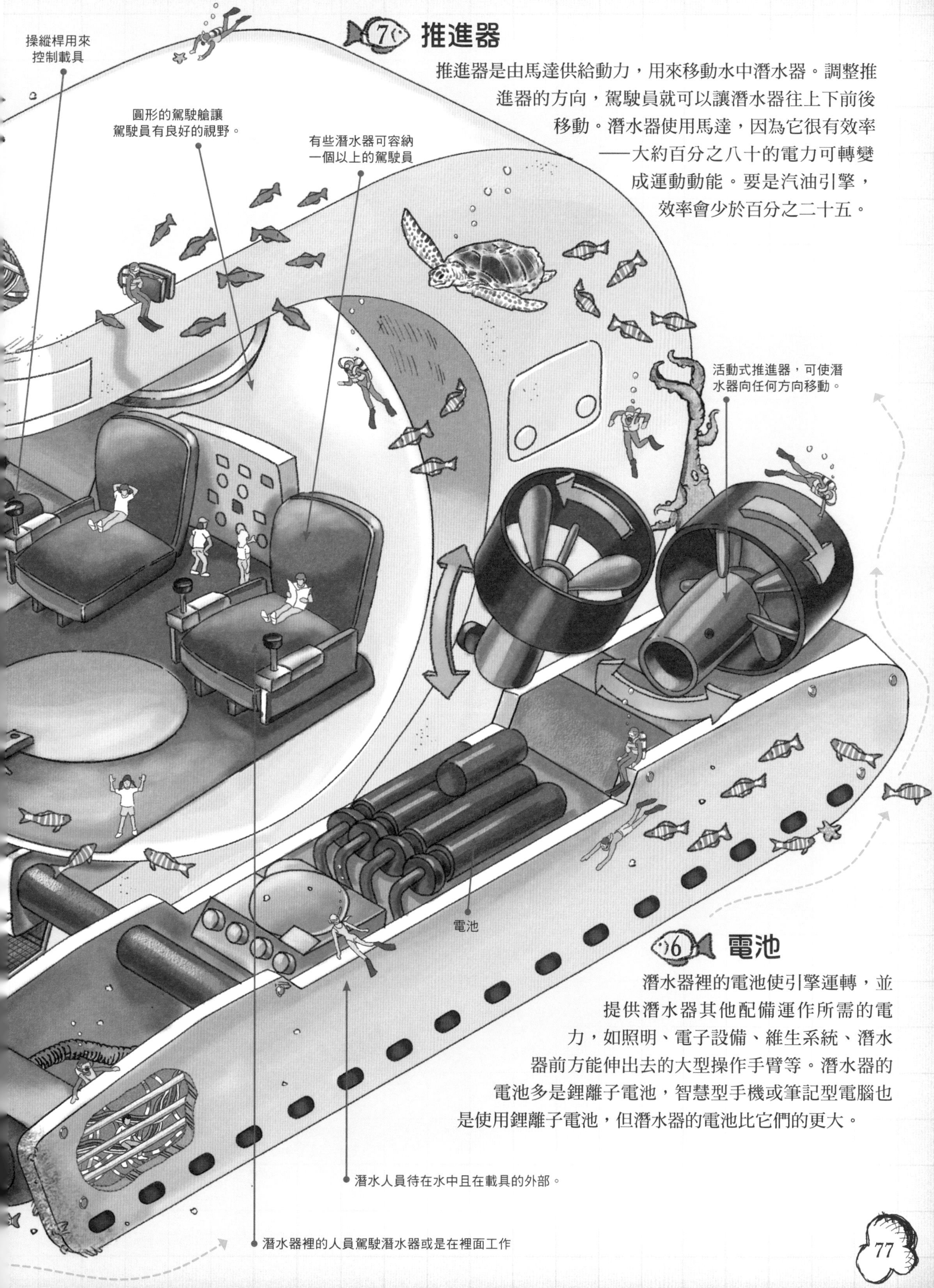

活動式推進器，可使潛
水器向任何方向移動。

電池

6 電池

潛水器裡的電池使引擎運轉，並
提供潛水器其他配備運作所需的電
力，如照明、電子設備、維生系統、潛水
器前方能伸出去的大型操作手臂等。潛水器的
電池多是鋰離子電池，智慧型手機或筆記型電腦也
是使用鋰離子電池，但潛水器的電池比它們的更大。

潛水人員待在水中且在載具的外部。

潛水器裡的人員駕駛潛水器或是在裡面工作

名詞解釋

（依首字筆畫遞增排序）

人造衛星　沒有駕駛員的太空飛行器，會繞著地球轉。（p.62,68）

分子　化學單位，由一個或多個原子組成，例如水（H_2O）是由三個原子連接組成。（p.24）

升力　是利用氣壓差異製造的向上力，使飛行器保持在空中。（p.74）

水力發電廠　利用水的動力來運轉發電機而產生電力的地方。（p.8）

打穀　把穀粒從收成的稻束或麥束搖晃下來。（p.36）

凸輪　形狀像個傾斜的輪子，能夠把旋轉動作轉換成上下動作。凸輪要裝在旋轉軸上。（p.42）

先鋒號　美國太空船，發射到外太空觀察太陽、木星、土星和金星。10號先鋒號目前正在距離地球超過一百二十億公里的地方。（p.67）

光學字元閱讀機　一種光電裝置，能讀取、辨識手寫的符號和字元。（p.22）

全球定位衛星　地球周圍大約有三十個全球定位衛星，能和數十億個電子裝置連線，例如手機、汽車衛星導航，這樣你就可以知道你所在的確切位置。（p.68）

汙水下水道　收集、處理及排放廢水和汙水的管渠。（p.6）

汙泥　在汙水處理過程中產生的半固體物質。（p.15）

汙泥消化槽　槽體，利用微生物分解廢棄物（汙泥），並產生氣體（如甲烷）。（p.15）

行動網路　行動網路或無線網路是將一塊土地區域分成好幾個部分，每個部分設一個基地臺，透過基地臺將行動電話連接到電話網路。連接起來就形成「蜂巢」狀。（p.52）

回收　將廢棄物品重新再做成新的物品。（p.16）

串流　透過上網持續播放的音樂或影像。（p.54）

吸力　把一個空間裡的空氣抽走，迫使液體或氣體進入這個空間。在吸塵器中，是使不同的空氣進入。（p.40）

抗力　相對的力。（p.74）

作業系統　像個電子「指揮家」，使電腦的軟硬體各個部位能夠和諧運作。（p.50）

沉澱槽　一個裝有汙水的容器，汙水在裡面靜置，因此沙土會沉到底下。（p.13）

阻力　飛機往前飛時，必須抵抗的一種力量。因為有阻力，飛機才需要引擎。（p.74）

放射性　散發輻射。有些放射性物質具危險性，因為其輻射會傷害生物。（p.49）

無熔絲開關　如果電力使用過量，可以用來切斷電流的安全裝置。（p.9）

信件大小分類機　可將信件按照尺寸分類的機器。（p.21）

相吸　不需直接接觸就能吸引某物。（p.58）

相斥　不需直接接觸就能把某物推走。如果將磁鐵的同極放在一起，就會互相排斥。（p.58）

軌道　太空飛行器繞行一個行星或衛星的彎曲路徑。（p.68）

原子　任何固體、液體或氣體中，最小的完全粒子。原子組成所有事物，從我們呼吸的空氣到我們使用的機器。（p.41）

核子燃料　使用在核子反應爐裡用來發電的燃料，例如鈾。（p.8）

氣壓　空氣的濃度或密度。高氣壓密度高，低氣壓密度低。（p.40）

迴路　沒有盡頭的迴圈。電子迴路（電路）有的很短，有的長達幾英哩。（p.58）

通訊轉發器　衛星上的電子儀器，用來接收特殊頻率的訊號並且會自動傳輸特定的回應。（p.70）

接收器　接收訊號並傳送進來的裝置。電視、收音機和電話都有接收器。（p.65）

推力　使飛行器在空中前進的力量。引擎製造推力。（p.66）

細菌　微小的活細胞。「好菌」對我們有益，但「壞菌」或稱病菌會使我們生病。（p.26）

麥克風　把聲音振動（例如人聲）改變成電流的裝置。（p.64）

揚聲器　能把電流轉換成聲音的裝置。（p.65）

渦輪　具有歪斜扇葉的特殊輪子。風、水或蒸氣衝擊扇葉，造成渦輪轉動，因此可以啟動發電機。（p.57）

焚化爐　非常熱的爐子，用來焚燒垃圾。（p.17）

發射站　發射電視、電臺或電話訊號的裝置。（p.64）

發電機 把銅線捲在大型磁鐵兩極之間，旋轉製造電流的機器。(p.8)

發酵 酵母幫助糖分解成酒精和二氧化碳氣體的過程。(p.37)

軸承 機械的一部分，可以降低摩擦力。軸承的旋轉，會帶動滾筒滾動，因此能從一個面中滑過另一個面。(p.28)

無線電波 在空氣中傳送電視或電臺訊號的無形電磁波。(p.63)

郵遞區號 一條街的代碼，用於電腦分揀信件系統。(p.18)

電子接點 其設計能使電路完整，好讓電流通過。大部分電子接點是金屬做的。(p.59)

微波 一種電磁波，能將一通電話傳載到衛星上再帶回來，也能夠加熱食物。(p.24)

微生物 指難以用肉眼直接看見的一切微小生物總稱，如細菌、病毒。(p.14)

微處理器 執行計算功能的電子裝置。微處理器是所有電腦和計算機的核心。(p.48)

感光元件 把進入電視攝影機的光，轉變成電子信號的裝置。(p.64)

隔熱／絕緣 阻斷熱能或電力的路徑。塑膠、玻璃、陶瓷及橡膠都是隔熱／絕緣材料。(p.27)

電 藉由纜線來傳送的一種能量形式。(p.7)

電子 非常小的微粒，帶有負電。電子連接在一起形成電流。所有原子都含有電子。(p.8)

電池 把電轉換成化學能量儲存。(p.57)

電表 測量水、瓦斯或電力使用量的裝置。(p.9)

電流 攜帶能量的一串移動微粒，這種微粒叫做電子。電流接通時，能量可以在瞬間移動很長的距離。(p.8)

電磁鐵 因為電力而發揮作用的磁鐵。它不像永久磁鐵，電磁鐵只能在電流通過的時候運作。(p.59)

圖示 電腦或智慧手機螢幕上的小圖片，代表應用程式、其他程式、選項或視窗。(p.50)

磁場 一個環繞在磁鐵周圍的無形區域，在這區域內可感受到磁鐵發揮作用。愈接近磁鐵，磁場的力量愈強大。(p.58)

磁鐵 以無形的力量吸引或排斥其他金屬的一塊金屬（多是鋼鐵），產生看不見的力量叫做磁力。磁鐵也可以透過金屬線使電子移動。(p.8)

管路 埋在地下的管子或電纜，可運送水、電力或瓦斯到你家。(p.9)

蒸氣 從液體蒸發變成氣體。(p.26)

蒸發 變成蒸氣就叫蒸發。如果把水留在乾燥的地方，水就會慢慢蒸發。(p.26)

蓄水池 用來儲存水的自然或人工湖或池塘，或是地下洞穴。(p.13)

酵素 使化學反應加速千倍萬倍的一種物質。(p.28)

閥 使東西流入特定方向的裝置，常見於推送液體或氣體的機器中。(p.26)

噴嘴 漏斗狀的開口，窄端向外伸出，位在管子或通道的最末端。液體或氣體通過噴嘴時會加速，噴出之後會膨脹。(p.26,62)

彈射 在飛行期間，從飛行器利用機構或炸藥使部分組件與飛行本體分離。(p.66)

摩擦 使移動的物體慢下來的力。

油或軸承可以降低摩擦力，但是摩擦力無法完全消除。(p.42)

輪軸 旋轉的桿子。輪軸用在轉動輪子或把動作從一處帶到另一處。(p.43,46)

齒輪 齒狀輪子，用來轉換動作。齒輪間互相齧合能使彼此轉動，可以用來改變一個動作的速度、力量或方向。(p.33)

凝結 氣體變成液體。氣體會凝結可能是因為降溫或是被壓縮。(p.27)

篩選分離 把穀粒的穀皮去掉。(p.36)

輻射 從物體散發出的一種能量形式。光是一種輻射形式。(p.49)

壓力 物體往周圍環境推壓的力。氣體或蒸氣的壓力可藉由加熱而升高。(p.26,74)

壓縮機 擠壓（壓縮）液體或氣體的裝置，將液體或氣體推擠到小空間裡。(p.26)

應用程式（app） application的縮寫，智慧手機或平板電腦裡的小型程式。(p.50)

聲波 攜帶聲音的壓力波。在耳朵或麥克風裡，這些波透過振動產生聲音。(p.59)

濾床 普遍以礫石作為濾材，礫石上的生物膜是淨化機能的根源。(p.14)

雜質 水經過淨化處理後形成的灰塵團。(p.13)

離子化 原子失去電子或得到電子的狀態。原子為電中性，但離子帶電荷。(p.49)

觸控螢幕 智慧型手機或平板電腦的螢幕，你用觸碰就可以選取東西或改變照片大小。(p.50)

變壓器 使電流變強或變弱的裝置。(p.8)

索引